0~3 Sui Yu er Jing dian

0～3岁
育儿经典

李明辉 ⊙ 主编

吉林科学技术出版社

图书在版编目（CIP）数据

0～3岁育儿经典 / 李明辉主编 . — 长春：吉林科
学技术出版社，2014.11
ISBN 978-7-5384-8487-8

Ⅰ．①0… Ⅱ．①李… Ⅲ．①婴幼儿—哺育 Ⅳ．
① TS976.31

中国版本图书馆 CIP 数据核字（2014）第 264016 号

0~3 岁育儿经典

主　　编	李明辉	
出 版 人	李　梁	
责任编辑	孟　波　赵　沫	
模　　特	图鹏淇　任美奇　李子坤	
	张天泽　于镱宁　李佳殷	
	许桓豪　白皓东　宋贞仪	
	邵巾轩　迟轶轩　田昊雨	
	陈豫璇　姜凯添　王一童	

封面设计　世纪喜悦品牌设计有限公司
制　　版　世纪喜悦品牌设计有限公司
开　　本　780mm×1460mm　1/24
字　　数　400千字
印　　张　14
印　　数　1-10000册
版　　次　2015 年 1 月 第 1 版
印　　次　2015 年 1 月 第 1 次印刷
出　　版　吉林科学技术出版社
发　　行　吉林科学技术出版社
地　　址　长春市人民大街 4646号
邮　　编　130021

发行部电话/传真	0431-85600611	85651759
	85635177	85651628
	85635181	85635176
储运部电话	0431-86059116	
编辑部电话	0431-86037576	
团 购 热 线	0431-86037576	
网　　　址	www.jlstp.net	
印　　　刷	长春第二新华印刷有限责任公司	

书号　ISBN 978-7-5384-8487-8
定价　38.00元

前言

这是一本专门为中国妈妈准备的育儿经典工具书。0～3岁是人生中最重要的头三年，是打基础的头三年，新手爸妈往往在孩子刚出生时手足无措，不知道如何护理新生婴儿，更不明白宝宝为什么哭闹。每个家庭都想给予宝宝最好的爱，但是很多爸妈不懂得方法，以至于让自己的宝宝在心智发育方面走弯路。

《0～3岁育儿经典》非常贴心地为新手爸妈提供了专业、实用的育儿知识，和你一起精心养育宝宝最重要的头三年，陪你度过育儿旅程中每一个不可复制的难忘时刻。《0～3岁育儿经典》按照月龄详细介绍了新生儿、1个月、2个月、3个月……1岁、1~1.5岁、1.5~2岁、2~3岁的生长发育、母乳喂养、辅食添加、日常护理、智能开发、常见疾病等方面的最新理念和实用方法。

建议新手爸妈认真阅读本书，参照书中的内容找到符合自己宝宝月龄的照顾方法，抓住宝宝每个脑发育的黄金期，给宝宝最适当的照顾与培养。《0～3岁育儿经典》是新手爸妈最贴心的育儿书。

婴幼儿疫苗接种时间表

年龄	注射（服用）疫苗名称	预防疾病
出生	乙肝疫苗第一剂	乙型肝炎
	卡介苗第一剂	结核病
1个月	乙肝疫苗第二剂	乙型肝炎
2个月	脊灰疫苗第一剂	小儿麻痹症
3个月	脊灰疫苗第二剂	小儿麻痹症
	百白破疫苗第二剂	百日咳、白喉、破伤风
4个月	百白破疫苗第三剂	小儿麻痹症
	百白破疫苗第二剂	百日咳、白喉、破伤风
5个月	百白破疫苗第三剂	百日咳、白喉、破伤风
6个月	乙肝疫苗第三剂	乙型肝炎
6～18个月	A群流脑疫苗第一、二剂	流行性脑膜炎
8个月	麻疹疫苗第一剂	麻疹
	乙脑减毒活疫苗第一剂	流行性乙型脑炎
	乙脑灭活疫苗第一、二剂	流行性乙型脑炎
1.5～2岁	百白破疫苗第四剂	百日咳、白喉、破伤风
	麻疹疫苗第二剂	麻疹
	乙脑减毒活疫苗第二剂	流行性乙型脑炎
	乙脑灭活疫苗第三剂	流行性乙型脑炎
3岁	A群流脑疫苗第三剂	流行性脑膜炎

各时期保健重点

年龄	生长特点	影响因素	保健重点	措施
胎儿期	依赖母体 器官成形生长快	母亲健康 营养 疾病、毒物 射线、情绪	预防先天畸形防早产、IUGR	定期产前检查
新生儿期 0～1个月	生长快 免疫力弱 体温中枢不成熟	营养 感染 环境温度	科学喂养 保暖 皮肤清洁	新生儿筛查 新生儿访视 预防接种
婴幼儿期 2～12个月	生长第一高峰 消化道不成熟 主动免疫不成熟 神经心理发育	营养 疾病 环境刺激	科学喂养 与消化道适应 早教（语言感知觉运动独立能力体格训练生活能力）	疫苗接种 常规检查（头围、身长、体重等）
幼儿期 1～2岁	生长速度减慢 心理发育进入关键期	生长速度减慢 心理发育进入关键期	早教（生活习惯与能力、语言、性格、社交） 预防事故 合理营养	定期体检（每3～6月一次）
学龄前 3～5岁	生长稳步增长 心理发育日益成熟 免疫活跃	教育环境 营养 免疫性疾病	心理发育 预防事故 合理安排生活 营养	定期体检（每6～12个月一次）
学前期 6～12岁	部分生长进入青春期 心理发育成熟 免疫活跃	教育环境 营养 免疫性疾病	心理教育 预防事故 合理安排生活（体格锻炼） 营养 性教育	定期体检（每年一次）
青春期	生长第二高峰 性发育	教育环境 营养	心理教育 营养 性教育 体格锻炼	定期体检（每年一次）

缺乏营养的体征

部位	体征	缺乏的营养素
全身	消瘦或水肿，发育不良	能量、蛋白质、锌
	贫血	蛋白质、铁、叶酸、维生素B₂、维生素B₆、维生素B₁₂、维生素C
头发	无光泽、稀少	蛋白质、维生素A
皮肤	毛囊角化症、糙皮病皮炎	维生素A、烟酸、维生素B₂
	溢脂性皮炎、皮下出血	维生素C、维生素K
眼	角膜干燥、夜盲、毕脱斑	维生素A
	角膜周围血管增生、球结膜充血、结膜炎、睑缘炎	维生素B₂
唇	唇炎、口角炎、唇裂、口角结痂	维生素B₂、烟酸
口腔	舌炎、舌猩红、舌肉红	维生素B₂、烟酸
	地图舌、舌水肿	维生素B₂、烟酸、锌
	牙龈炎、牙龈出血	维生素B₂、烟酸、维生素C
颈	甲状腺肿	碘
骨	鸡胸、串珠肋、方颅、O形腿、X形腿	维生素D
生殖系统	阴囊炎、阴唇炎	维生素B₂

主要传染病的潜伏期、隔离期及检疫期

名称	潜伏期（天）		病人隔离期	接触者检疫期
麻疹	11	8～20	出疹后5天，并发肺炎者延长5天	观察2周，曾被动免疫者3周
风疹	18	14～21	出疹后5天	观察2～3周
水痘	14	12～21	全部结痂	观察15～21天
流行性感冒	1～2	1～4	症状消失	集体免疫
流行性腮腺炎	18	8～35	腮肿消失，或起病后7～10天	3周
甲型病毒性肝炎	30	15～50	自发病起不少于30天	观察40天（第2、4、6周各查一次）
乙型病毒性肝炎	90	60～180	自发病起不少于30天	观察6个月（第3、6个月各查1次）
流行性脑脊髓膜炎	2～3	1～10	体温正常，鼻咽分泌物培养阴性	观察7天，考虑用磺胺预防
狂犬病	30～60	10～365	病程中隔离	被咬者疫苗接种
细菌性痢疾	1～2	1～7	症状消失后1个月，或粪培养2次阴性	观察7天
阿米巴痢疾	7～14	5～365	症状消失，粪连续3次查无滋养体及包囊	粪检包囊阴性
伤寒	10～14	7～23	症状消失后2周，或粪、尿培养2次阴性	观察14天
副伤寒	6～8	2～15		
霍乱、副霍乱	2～3	1～5	症状消失隔日粪培养3次阴性	留验5天或集体检疫
百日咳	7～10	2～21	自发病28天或痉咳起21天	观察14天
白喉	2～4	1～10	症状消失，鼻咽试纸培养2次阴性，不少于7天	观察7天
猩红热	2～5	1～12	抗生素治疗起6天	观察7天

不同年龄婴幼儿的玩具和图书

年龄	玩具	图书	目的
出生~3个月	带声响的吹塑玩具	色彩鲜艳的图片，每张只有一个内容，如一盏灯、一个苹果、一辆汽车，以吸引他们的注意力	训练视、听能力，促进感知觉发展
4~6个月	手摇铃或能捏响的玩具		训练抓握能力
7~9个月	绒毛、能敲打的玩具		训练听觉及运动能力
10~12个月	滚动玩具以及手拉玩具		训练手腿活动能力
1~24个月	能发声的、彩色的玩具	画面简单，色彩鲜艳，图像明亮，内容能反映小儿比较熟悉的食物，如动物、水果、蔬菜等	训练视觉、听觉和触觉
2~3岁	球类、积木	简短有趣，能反映小儿日常生活、活动和简单虚构的小故事	训练动作、注意、想象、思维等能力

不同年龄婴幼儿的平均睡眠时间

年龄	每昼夜平均睡眠时间（小时）	日间睡眠频率（次）	日间睡眠时间（小时）
出生	20	2~3	1.5~2.5
2~3个月	16~18	2~3	1.5~2.5
4~9个月	14~16	2~3	1.5~2.5
10~12个月	13~14	2~3	1.5~2.5
13~18个月	12.5	1~2	1.5~2.5
1.5~2岁	12.5	1~2	1.5~2.5
2~3岁	12	1	1.5~2.5

婴幼儿体重、身长曲线表

以下数值为平均参考值，宝宝只要精神饱满，各项指标都有增长，每个月的增长曲线幅度正常，就说明宝宝是在健康地成长。

婴幼儿体重曲线表　　男　孩 ＿＿＿　女　孩 ＿＿＿

婴幼儿身长曲线表　　男　孩 ＿＿＿　女　孩 ＿＿＿

目录
Contents

第一章	Chapter One

0~1 岁
宝宝，妈妈爱你

目录
Contents

目录
Contents

目录
Contents

第二章　Chapter Two

1岁～1岁半
快速成长的关键期

目录
Contents

第三章 Chapter Three
1 岁半 ~ 2 岁 越来越淘气了

第四章　Chapter Four

2～3岁
开始为入园做准备

第一章

0~1岁
宝宝，妈妈爱你

第1个月
小天使降生啦

养育重点

1. 早开奶，坚持母乳喂养。

2. 保证20个小时的睡眠时间。

3. 精心呵护小肚脐。

4. 注意观察大小便的次数和颜色。

5. 给予宝宝充足的皮肤接触，每天做抚触。

6. 和宝宝对话，给他讲故事和听音乐。

7. 多逗宝宝笑。

体格发育监测标准

出生时		
	男宝宝	**女宝宝**
身　高	46.8~53.6厘米，平均为50.2厘米	46.4~52.8厘米，平均为49.6厘米
体　重	2.5~4.0千克，平均为3.2千克	2.4~3.8千克，平均为3.1千克
头　围	31.8~36.3厘米，平均为34.0厘米	30.9~36.1厘米，平均为33.5厘米
胸　围	30.6~36.5厘米，平均为33.6厘米	29.4~35.0厘米，平均为32.2厘米

满月时		
	男宝宝	**女宝宝**
身　高	52.3~61.5厘米，平均为56.9厘米	51.7~60.5厘米，平均为56.1厘米
体　重	3.8~6.4千克，平均为5.1千克	3.6~5.9千克，平均为4.8千克
头　围	35.5~40.7厘米，平均为38.1厘米	35.0~39.8厘米，平均为37.4厘米
胸　围	33.7~40.9厘米，平均为37.3厘米	32.9~40.1厘米，平均为36.5厘米

接种疫苗备忘录

预防乙型肝炎：乙肝疫苗第一剂 .... 日　　　　预防结核病：卡介苗第一剂 .... 日

宝宝智能发育记录

大动作发育

1. 宝宝不能自己改变身体的姿势
2. 俯卧时，头会转向一侧，骨盆会抬得高高的。下颌能短时间地离开床面
3. 仰卧时，头会转向一侧，同一侧的上下肢伸直，另一侧的上下肢屈曲
4. 拉着宝宝的手腕坐起，宝宝的头就会向前倾，如果握住宝宝双手，边逗引边轻拉起，宝宝的头就会向后仰
5. 手托起宝宝的胸腹部，面向下悬空，宝宝的头和下肢会自然下垂

精细动作发育

1. 宝宝的手经常握成小拳头，如果触碰宝宝的手掌，宝宝的手就会紧紧地握成小拳头
2. 宝宝握成拳头的小手，其拇指放在其他手指的外面

视觉发育

1. 半个月以后，宝宝对距离50厘米的光亮可以看到，眼球会追随转动
2. 新生儿的视觉发育较弱，视物不清楚，但对光是有反应的，眼球的转动无目的

听力发育

1. 醒着时，近旁10～15厘米处发出响声，可使四肢活动突然停止，好像在注意聆听
2. 新生儿喜欢听妈妈的声音，不喜欢听过响的声音和噪声

语言能力发育

1. 能自动发出各种细小的喉音
2. 面部没有表情，还没有直接的注意能力
3. 与宝宝说话时，宝宝会注视成人的面孔，停止啼哭，甚至能点头
4. 当宝宝啼哭时，成人过来安慰，宝宝会停

作息时间安排

1. 新生儿每天需睡眠18~20个小时。出生后，宝宝睡眠节律未养成，夜间尽量少打扰，喂奶间隔时间由2～3个小时逐渐延长至4～5个小时，尽量使宝宝晚上多睡白天少睡，尽快和成人生活节律同步
2. 专家推荐的让宝宝上床的时间为晚上7～8点之间，这样就能保证宝宝有足够长的时间睡觉

大小便训练

1. 新生儿第一天的尿量一般为10～30毫升。出生后36小时之内排尿都属正常现象。随着哺乳、摄入水分的增加，宝宝的尿量逐渐增加，每天可达10次以上，每天总量可达100～300毫升，满月前后每天可达250～450毫升
2. 新生儿一般在出生后12小时会排胎便。胎便呈深绿色、黑绿色或黑色黏稠糊状，一般需要3～4天可排尽。喂配方奶的宝宝大便呈淡黄色，且多为成形便，常有便秘现象。而母乳喂养的宝宝大便为金黄色，呈糊状，每天1～4次，甚至更多

最佳喂养方案

★ 坚持母乳喂养

对于刚出生的宝宝来说，最理想的营养来源莫过于母乳了。因为母乳的营养价值高，且其所含的各种营养素的比例搭配适宜。母乳中还含有多种特殊的营养成分，如乳铁蛋白、牛磺酸、钙、磷等，母乳中所含的这些物质及比例对宝宝的生长发育以及增强抵抗力等都有益。

母乳近乎无菌，而且卫生、方便、经济，所以对宝宝来说，母乳是最好的食物，它的营养价值远远高于任何其他代乳品。

★ 母乳中包含哪些营养

母乳的主要营养成分	
蛋白质	大部分是易于消化的乳清蛋白，以及抵抗感染的免疫球蛋白和溶菌素
脂　肪	含有不饱和脂肪酸。由于母乳中的脂肪球较小，易于宝宝吸收
糖	主要是乳糖，有利于钙、铁、锌等营养素的吸收，还能增强宝宝消化道抗感染能力
牛磺酸	母乳中含量适中，牛磺酸和胆汁酸结合，可促进宝宝消化
钙、磷	虽然含量不多，但比例适宜，易吸收

★ 母乳与配方奶的对比

等量的母乳和配方奶，两者热量和营养成分相差无几，但进入宝宝体内，两者并不相同。

母乳中的蛋白质比配方奶中的蛋白质易于消化（宝宝3个月后才能很好地利用配方奶中的蛋白质），母乳中的铁60%可被吸收，而配方奶中铁的吸收率不到50%。此外，母乳方便、安全、经济，而且还含有从母体中带来的免疫抗体。

★ 不宜母乳喂养的情况

这些情况不宜母乳喂养	
乙型肝炎患者	乙肝表面抗原阳性的母亲哺乳，并不增加婴儿感染乙肝的危险性。因此，只要新生儿在出生后12小时内注射了乙肝免疫球蛋白和乙肝疫苗，就可以母乳喂养。但如果妈妈乳头有损伤、宝宝发生口腔溃疡时应暂停哺乳
乳房疾病患者	乳母患乳房疾病时，如乳腺炎等，应暂缓母乳喂养。解决的方法是：一定要在得到治疗后，再进行母乳喂养，在此期间可将乳汁挤出或用吸奶器吸出，经消毒后喂给宝宝
心脏病、肾脏患者	乳母患有严重的心脏病、肾脏疾病等，不宜进行母乳喂养。但若心功能、肾功能尚好，可以适当进行母乳喂养

小贴士

母乳喂养不容易患感冒，这种说法正确吗？

母乳里富含各种免疫物质，如免疫球蛋白、乳铁蛋白、低聚糖、益生菌等，因此，母乳喂养的婴儿消化系统感染、呼吸道感染、过敏的发生率都比人工喂养婴儿要低。

★ 母乳喂养的时间与次数

宝宝出生后多长时间开始喂奶

宝宝出生半个小时之内，就应让宝宝吸吮母亲的乳头。因为宝宝出生后 20～30 分钟内的吸吮反射最强，所以即便此时母亲没有乳汁也可让宝宝吸一吸，这样不但可尽早建立妈妈的催乳反射和排乳反射，促进乳汁分泌，还利于母亲子宫收缩，减少阴道流血。宝宝出生后接触母亲越早，持续时间越长，对宝宝的心理发育越好。

哺乳次数、时间与喂奶量

1～3 天的宝宝，按需哺乳，每次喂 10～15 分钟；4～14 天的宝宝，每 2～3 小时喂 1 次奶，每次喂 20～30 分钟；15～30 天的宝宝，每隔 2～3 小时喂 1 次奶，每次约 30 分钟。每次喂奶量为 30～90 毫升（要遵循按需哺乳的原则，根据个体差异而定）。

喂奶时间可安排在上午 6、9、12 时；下午 3、6、9 时及夜间 12 时、后半夜 3 时，每次喂奶 70～100 毫升（要遵循按需哺乳的原则，根据个体差异而定），每天哺乳不少于 8 次。

小贴士

怎样能让新生儿不吐奶？

尽量不要让宝宝平躺着吃奶，每次喂奶之后，将宝宝的头竖起来，用手轻拍宝宝的后背，直到宝宝打嗝为止。

★ **母乳喂养的姿势**

乳母可以坐在床上或椅子上给宝宝喂奶。宝宝3个月之前不宜采用卧位哺乳的方式，以免乳母睡着了，乳房堵住了宝宝的鼻子，造成窒息。母乳喂养时不要只将乳头塞进宝宝嘴里，应该连乳头下面的乳晕部分也塞入宝宝嘴里，因为宝宝不是用舌头吸吮，而是用两颊吸吮，用上下唇挤压乳窦。

无论选择哪种姿势，请确定宝宝的腹部是正对自己的腹部，这有助于宝宝正确地吸吮。不要仅用双手抱着宝宝，应将宝宝搁在自己的大腿上。

侧抱法

侧向抱着宝宝，用妈妈的手腕支撑着宝宝的颈部，颈部的来回扭动不利于宝宝的吸吮。侧抱便能让宝宝的嘴正好对着乳头。

直立抱法

让宝宝坐在妈妈的大腿上，妈妈的手支撑着宝宝的身体和颈部。适合乳头扁平或短小的妈妈。

小贴士

刚开始喂母乳时，应该让宝宝两侧乳房换着吃，没有受过刺激的乳头，如果宝宝连续吸15分钟，就很容易发生皲裂。

★ 母乳喂养的正确方法

白天母乳哺喂怎么进行

找一个舒服的、带坐垫的靠背椅，乳母完全坐在椅子里，让背部完全依靠在椅背上，然后在哺乳乳房一侧的脚下搁一只小凳子架起这侧腿，将宝宝的头枕在乳母的胳膊弯上，胳膊弯舒适地放在架起的腿上。把这侧乳头连乳晕一起放入宝宝嘴中，要尽可能让宝宝嘴唇能裹着乳晕，这样可以促使泌乳。一侧吃空后，再以同样姿势把宝宝换到另一侧乳房、胳膊弯和腿上。

宝宝吃饱睡着后要及时抽出乳头，不要让他老含着乳头，因为那样不仅不利于宝宝口腔和乳母乳头的卫生，还易引起宝宝依恋乳头的不良习惯，甚至会引起宝宝的呕吐或窒息。

夜间母乳哺喂怎么进行

夜晚乳母的哺喂姿势一般是侧身对着稍侧身的宝宝，母亲的手臂可以搂着宝宝，但这样做会较累，手臂易酸麻，所以也可只是侧身，手臂不搂宝宝进行哺喂。或者可以让宝宝仰躺着，母亲用一侧手臂支撑自己俯在宝宝上部哺喂，但这样的姿势同样较累，而且如果母亲不是很清醒时千万不要进行，以免在似睡非睡间压着宝宝，甚至导致宝宝窒息。

晚上哺喂不要让宝宝含着乳头睡觉，以免造成乳房压住宝宝鼻孔使其窒息的危险，也容易使宝宝养成过分依恋母亲乳头的娇惯心理。

怎样教宝宝吮吸母乳

宝宝第一次吮吸妈妈乳头的小嘴含接姿势要正确，如果第一次就错误吮吸，往后要纠正困难较大。开始喂奶时用乳头触碰宝宝的嘴唇，此时宝宝会把嘴张开。让乳头尽可能深地放入宝宝口内，使宝宝身体靠近自己，并且使其腹部面向并接触你的腹部。

如果宝宝吃奶位置正确，嘴唇应该在外面，而不是内收到牙龈上。可以看到宝宝的下颚在来回动，并且听到轻微的吞咽声。宝宝的鼻子会接触乳房，但是可以呼吸到足够的空气。如果觉得疼痛，说明姿势错了。将宝宝从乳头上移开，再试一次。将手指轻轻放在宝宝的嘴角让宝宝停止吮吸乳房。

★ 如何判断母乳不足

与配方奶不同的是母乳的量是没法目测的，因此很多的妈妈常怕宝宝吃不饱，怕宝宝营养跟不上会影响宝宝的正常发育。

在出生后的第一个月里，如果宝宝每天体重增加30克，那么就说明奶水足够宝宝所需了。

判断方法	
1	宝宝含着乳头30分钟以上不松口
2	明明已经哺乳20分钟，可间隔不到1小时又饿了
3	体重增加不明显

★ 母乳过多的应对措施

要检查宝宝含乳头的方法是否正确母乳过多很有可能是由于宝宝含乳头方法不当引起的。妈妈在漏奶和喷奶的时候，宝宝很难含住乳头，所以妈妈可以在喂奶前，用手挤出一些奶，让奶流得慢一些或者改变喂奶姿势，或者两指用剪刀式托乳房的姿势喂奶，可以使乳汁流速变缓，让宝宝能够很好地含住乳头。

如果宝宝乳头含得很好，但是母乳仍然过多，妈妈可以试试用一侧乳房喂上2～4次。在两个小时之内只用同一侧的乳房喂养宝宝，适当挤出一点另一侧乳房的奶缓解涨奶的不适。

第一章
0~1岁 宝宝，妈妈爱你

★ **防止宝宝吐奶的方法**

坐在膝盖上	让宝宝坐在膝盖上，然后用一只手撑住宝宝头部和胸部，用另一只手轻轻地拍打后背
把宝宝的脸部贴在妈妈的胸前	把宝宝的脸部贴在妈妈的胸前，然后轻轻地抚摸后背。由于妈妈的腹部挤压到宝宝的腹部，因此宝宝很容易就会打嗝排出气体
将宝宝扛在肩膀上	抱住宝宝，然后扛在肩膀上，使宝宝的腹部贴到妈妈的肩膀上。由于宝宝的腹部受到肩膀的挤压，因此容易打嗝

★ 如果母乳不足，就只能用配方奶代替

配方奶喂养也是可以的

虽说母乳喂养的好处有很多，然而在必要的时候也可以使用配方奶喂养。从营养的层面来说喝配方奶是没有问题的，妈妈也可以像哺乳时一样享受到其中的乐趣。妈妈可以抱着宝宝，边跟他说话边喂宝宝吃。不仅仅是奶水不充足的情况下才可以这么做，比如当妈妈在哺乳后很累的时候，也可以用配方奶来作为中间休息时候的能量补充。

什么时候开始用配方奶补充能量

当母乳供给不充足的情况下，就可以使用配方奶。在宝宝1个月健康检查时跟医生认真地交流，如果宝宝的体重增长没有达到应有的幅度，就可以考虑用配方奶来补充。而如果在哺乳初期乳房没有完全地疏通开的情况下还是要尽量用母乳喂养，以便使母乳更加充足。

采取混合喂养

在混合喂养时，首先要喝母乳，接下来再喝配方奶。配方奶每次要在哺乳前准备好，以便哺乳结束以后马上喂配方奶，全过程最好在30分钟左右内结束。母乳在早上、中午的时候比较充沛，可以不用补充配方奶。

混合喂养搭配要点	
1	30分钟完成配方奶的冲泡和哺喂
2	每次必须先喂母乳
3	仅在傍晚或夜间补充配方奶

★ 关于奶瓶

奶瓶的种类

奶瓶的材质分为玻璃和塑料两种。玻璃的奶瓶耐热易清洗。主要用在消毒次数较多的时期；塑料的奶瓶轻便，外出携带也方便。二者可以根据不同的月龄和场合交替使用。

小贴士

随着宝宝食量的增大，要选择大容积的奶瓶

奶瓶的容积不同，品牌也有所不同。比如用于盛煮果汁和白开水的奶瓶就有50毫升的，也有240毫升的，具体可以根据宝宝的饮用量加以选择。

奶嘴的种类

奶嘴的材质包括像乳房一样柔软天然橡胶材质、防裂无臭的硅胶材质及介于二者之间的混合材质3种，您可以根据个人的喜好及宝宝实际使用情况进行选择。

小贴士

奶嘴孔的形状和大小

随着宝宝不断地成长，奶嘴的形状及其孔的大小也要不断地变化，孔的大小要根据不同时期宝宝对奶嘴的吸力选择合适的大小。

奶瓶的清洗及消毒

残留在瓶壁或奶嘴上的配方奶会滋生细菌。出生前3个月宝宝的免疫力非常弱，所以用后的奶瓶必须及时消毒。

1. 清洗奶瓶

可以用专用的奶瓶洗涤剂，也可以使用天然食材制的洗涤剂，用刷子和海绵彻底地清洗干净。

2. 彻底洗净奶嘴

奶嘴部分很容易残留配方奶，无论是外侧还是内侧都要用海绵和毛刷子彻底的清洗。

3. 奶嘴的进一步清洗

为了防止洗涤剂的残留，要将奶嘴用流水冲洗干净，最好能将奶嘴翻转过来清洗内部。

4. 完全浸没后热水煮沸

当锅里的水沸腾以后，就可以清洗干净的奶瓶和奶嘴了。

5. 奶嘴煮3分钟，奶瓶煮5分钟

在煮沸3分钟左右就可将奶嘴取出；而奶瓶可以煮沸5分钟。

6. 放到干净的容器里保存

煮沸结束后，可以放在干净的纱布上沥水，之后放在合适的盒子内即可。

★ 配方奶喂养的基本知识

起初，无论是妈妈还是宝宝遇到配方奶喂养都会感到不知所措，下面就告诉你如何冲制配方奶及如何喂养。

配方奶的冲泡方法

将沸腾的开水冷却至 40℃，然后马上将开水注入奶瓶中，或用开水和事先晾好的凉白开兑至 40℃的温水。水量按照奶粉罐上的说明，如一平匙奶粉兑 30 毫升水或 60 毫升水计算。

使用配方奶附带的量匙，盛满刮平。不同的器具体积不同，要注意根据标示取用。

在加配方奶的过程中要数着加的匙数，以免忘记所加的量。

轻轻地摇晃加入配方奶的奶瓶，使其溶解。该步骤是必须要做的。上下晃动时容易产生气泡，要多注意。

用手腕的内侧感觉温度的高低，稍感温热即可。如果过热可以用流水冲凉或者放入凉水盆中放凉。

配方奶的哺乳方法

1. 确认奶嘴没有堵塞

　　注意查看奶嘴是否堵塞或者流出的速度过慢。如果将奶瓶倒置时呈现"啪嗒啪嗒"的滴奶声就是正确的。

2. 抱着哺乳

　　喂配方奶时最常用的姿势就是横抱。和喂母乳时一样，也要边注视着宝宝，边叫着宝宝的名字喝奶。

3. 让宝宝含住奶嘴的根部

　　喂母乳时，宝宝要含住妈妈的乳头才能很好地吮吸乳汁，同样，在喂配方奶时也要让宝宝含住整个奶嘴。

4. 哺乳时倾斜奶瓶

　　空气通过奶嘴进入到奶瓶中，会造成宝宝打嗝。在喝奶时应该让奶瓶倾斜一定角度，以防空气进入宝宝体内。

5. 打嗝的处理

　　即便是抱着的情况下，宝宝也会打嗝，这时可以轻轻地拍打宝宝的背部，这样就能防止打嗝吐奶。

6. 让宝宝倚在肩膀上

　　让宝宝倚在肩膀上，通过压迫其腹部，也可以让症状加以缓解。为了防止弄脏衣物，可在妈妈肩膀上放块手绢。

★ 注意宝宝喝奶的不规律性

宝宝同大人一样，也会有食欲不好的时候。遇到这种情况，妈妈不要反复地给宝宝喂奶，要间隔10～15分钟后再喂，让宝宝的肚子空出来，下次哺乳的时候宝宝可能就会喝得更多。如果没有达到每日设定的饮用量，而体重还在继续增长，就基本没有问题。

有些时候，宝宝的哭闹并不是由于饿了。如果还没到喂奶的时间，可以先给他饮用些白开水，否则会打乱宝宝的饮食规律。所以，妈妈们一定要坚持预先设定好的时间表，给宝宝养成一个良好的按规律饮食的习惯。

★ 配方奶喂养的注意要点

1. 避免漫不经心地喂奶

当宝宝喂奶时，妈妈一定要避免漫不经心，小心别让宝宝喝呛，哺乳的时间要按照妈妈预先设定的执行。

2. 观察每天的食用总量

偶尔一次没有达到规定量也没有关系，每天的总量达标就可以。但是最好不要把上次剩下的再给宝宝喝。

3. 避免拖拖拉拉地喂奶

严格避免脱脱拉拉地喂宝宝喝奶，这样会影响宝宝的肠胃消化。

4. 每次的喂奶时间在 20～30 分钟

妈妈要掌握好宝宝吃奶的时间和速度。

5. 试着变换各种奶嘴

要针对不同月龄段的宝宝，改变奶嘴的材质、形状及孔的大小，来改善宝宝的喝奶情况。

6. 用换乳食物补充营养

进入换乳期后，要用牛奶来补充钙及蛋白质，并配合其他食物给宝宝提供均衡的营养。

第一章
0~1岁 宝宝，妈妈爱你

★ **解决打嗝问题**

喂奶的时候无论怎样小心，宝宝还是会打嗝。这里给新手妈妈提供可以马上解决打嗝的方法。

> **让宝宝伏在妈妈的肩上**

尽量将宝宝的身体抱高一些，这样就容易让饱嗝很快地出来，通常是让宝宝伏在妈妈的肩膀上。

> **竖着抱可以停止打嗝**

只要竖着抱 15 分钟以上，自然就会停止打嗝。抱着的时候也可以使用背带。

> **不断地拍打宝宝的后背**

如果竖着抱宝宝还是打嗝，可以轻轻地拍打宝宝的后背，可以将胃部的气体逐渐地赶出来。

> **从下到上慢慢地揉搓后背**

当宝宝的饱嗝怎么也打不出来的时候，妈妈可以从宝宝背部胃的位置开始，从下到上慢慢地揉搓。

> **趴在妈妈的肚子上**

妈妈抱着宝宝身体成 45 度左右，使其趴在妈妈的肚子上，因为不需要用腕力来抱着宝宝所以妈妈不容易感到疲劳。

新妈妈催乳食谱

豆腐香菇炖猪蹄

材料：豆腐、丝瓜各200克，香菇50克，猪蹄2个，盐、生姜丝、葱段、味精各适量。

做法：

1. 将猪蹄去毛、洗净，用刀剁成小块；将丝瓜削去外皮，洗净后切成薄片；香菇先切去老蒂头，水浸软后洗净。

2. 将猪蹄置于锅中，加入适量的水，煮至肉烂时放入香菇、豆腐及丝瓜，加入盐、生姜丝、葱段、味精。再煮几分钟后，即可离火。

花生鸡脚

材料：鸡脚300克，花生米50克，黄酒、姜片、盐、味精、鸡油各适量。

做法：

1. 将鸡脚剪去爪尖，洗净；花生米放入温水中浸半小时，换水洗净。

2. 锅置火上，加入适量水，用武火煮沸，放入鸡脚、花生米、黄酒、姜片，锅加盖，煮2小时，加盐、味精调好口味，再用文火焖煮一会儿，淋上鸡油，即可食用。

日常护理指南

★ 如何抱新生儿

怎样抱新生儿他才舒服呢？很多妈妈不愿意把新生儿给爸爸抱着，怕他把新生儿弄得不舒服，其实很多人在喂养新生儿和逗新生儿玩的时候都没有掌握正确地抱新生儿的姿势。抱新生儿的时候一定要注意托住新生儿的颈部和腰臀部。妈妈抱他的时候多走动，边走边轻轻摇晃。注意千万不能摇晃得太猛、太快、幅度太大，以免发生意外。

抱新生儿的姿势要遵循新生儿肌肉的发育规律。否则，不但新生儿，大人都不舒服，甚至还会发生意外。出生不久的新生儿，头大身子小，颈部肌肉发育不成熟，不足以支撑起头部的重量。如果竖着抱新生儿，他的脑袋就会摇摇晃晃；而且新生儿的臂膀很短小，无法扶在妈妈的肩上，无法取得平衡。

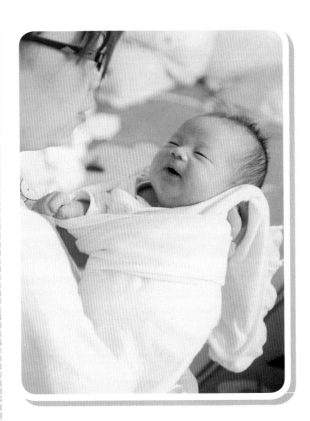

小贴士

实验证明：当宝宝哭闹时，妈妈们分别抱起各自的宝宝，一组妈妈将宝宝抱在怀里，用手轻轻地拍他们；另一组妈妈将宝宝抱在怀里，只让宝宝倾听妈妈的心跳，结果发现后一组宝宝比前一组宝宝更易安静下来。这是因为胎儿在母体内听惯了妈妈的心跳，出生后让他再听到这样熟悉的声音便产生一种亲切感，很容易适应这种情境，而使情绪平静下来。所以妈妈抱宝宝时，可以将宝宝的头部放在身体的左侧，并有意识地让宝宝的耳朵贴近父母的心跳处，让他能听到心跳的节律。

★ 每天给新生儿洗澡

每天给新生儿洗澡是有益的，季节不同每天洗澡的次数也不同。夏天可以洗2～3次，冬天可在中午最暖和时洗一次。新生儿有个干净的身体，夜间会睡得安稳。

新生儿沐浴的基本操作	
用温水洗脸	用温水清洗宝宝的脸，尤其注意耳朵后面、耳郭里面、脖子的褶皱处。这时先不要将宝宝的包被拿掉
擦洗头部	将纱布挤一点温水在宝宝头上，将沐浴液搓出泡沫来揉在纱布上洗头发
擦洗其他部位	一只手将包被拿掉，另一只手托住宝宝的脖子，脱下尿布，用纱布盖住肚脐，这阶段的宝宝脐部容易感染，应避免弄湿。把他的双手双脚拉开，擦洗腹股沟、膝盖、肘腕处
擦洗背部	用空出的一只手放在宝宝头部的后方，支在两耳之后，缓慢将宝宝的重心转移到这只手上，将宝宝轻轻翻过来。擦洗宝宝屁股上方褶皱处和尿布覆盖的部位
清洗生殖器官	将宝宝的双腿往外掰，如果是女婴，擦拭屁股时一定要按照从前向后的顺序，小阴唇和阴道间的蛋白样分泌物不必擦洗。为男婴清洗时绝不要把男婴的包皮往上推以清洗里面，这样易撕伤或损伤包皮
尽快换上衣服	宝宝沐浴结束以后，要马上用预备好的毛巾擦拭干净。不要忘记脖子下及腋下等。尽快给宝宝穿上准备好的内衣，以免着凉

★ 给新生儿穿衣裤的步骤

给新生儿穿衣服可不是件容易的事，宝宝全身软软的，又不会配合穿衣的动作，往往弄得妈妈手忙脚乱。所以给新生儿穿衣，一定要讲究点儿技巧。

穿衣服的步骤

先将衣服平放在床上，让新生儿平躺在衣服上。将宝宝的一只胳膊轻轻地抬起来，先向上再向外侧伸入袖子中，将身子下面的衣服向对侧稍稍拉平。抬起另一只胳膊，使肘关节稍稍弯曲，将小手伸向袖子中，并将小手拉出来，再将衣服带子结好就可以了。

穿裤子的步骤

大人的手指从裤脚管中伸入，拉住小脚，将裤子向上提，即可将裤子穿上了。穿连衣裤时，先将连衣裤解开口子，平铺在床上，让新生儿躺在上面，先穿裤腿，再用穿上衣的方法将手穿入袖子中，然后扣上所有的纽扣即可。

小贴士

给宝宝穿好衣裤后，可用小毛毯或小棉被包裹住宝宝，但是要保证宝宝的双腿处于自然状态，并有足够大的活动空间。新出生的宝宝最好不要"打蜡烛包"，如果怕宝宝冷，可以宽松地裹一下，但是双腿是切不可绑直系紧的，因为这样既不利于宝宝大运动的发育，也不利于髋关节发育。

★ 传统尿布 VS 纸尿裤

传统尿布应选用柔软、吸水性强、耐洗的棉织品，旧布更好，如旧棉布、床单、衣服都是很好的备选材料。也可用新棉布制作，经充分揉搓后再用，新生儿尿布的颜色以白、浅黄、浅粉为宜，忌用深色，尤其是蓝、青、紫色的。

尿布不宜太厚或过长，以免长时间夹在腿间造成下肢变形，也容易引起感染。尿布在宝宝出生前就要准备好，使用前要清洗消毒，在阳光下晒干。

VS

传统尿布的更换	
尿布的折叠	按照之前的痕迹进行折叠，通常是纵向对折一次后横向再对折一次，这样，尿布的上面就露在了外面
保留上面的腰带	内裤穿上后要在腹部中间处留出大约两根手指的间隙，并且将腰带留出来
尿布的使用	给宝宝换尿布时，要注意不能盖住宝宝的脐部。多余的部分男孩折叠到前面，女孩折叠到身后，或干脆剪掉

纸尿裤的更换	
把褶皱展平	将新尿布展开，把褶皱展平，以备使用
彻底地擦拭屁股	打开脏污的尿布，用浸湿的纱布擦拭屁股，不能有大便残留
取下脏纸尿裤	慢慢地将脏纸尿裤卷起，小心不要弄脏衣服、被褥或宝宝的身体
更换新纸尿裤	一只手将宝宝的屁股抬起，另一只手将新的纸尿裤放到下面
穿好新纸尿裤	将纸尿裤向肚子上方牵拉，注意左右的间隙粘好
保留腰部的纸带	在腰部留出妈妈两指的间隙，将腰部的纸带粘好即可

第一章

0~1岁 宝宝，妈妈爱你

★ 如何给新生儿做抚触

选择抚触的时间

给宝宝做抚触的最好时间：宝宝的情绪稳定，两次哺乳之间，没有身体不适或哭闹时。在宝宝过饱、过饿、过疲劳的时候切忌抚触，否则亲子之间的快乐，宝宝不但不能享受，反而对此很反感。每个抚摸动作不能重复太多，因为小宝宝不能长时间的集中注意力。所以应该先从5分钟开始，然后延长到15～20分钟。每日3次，刚开始做的时候，可以少一点儿时间、次数，以后逐步增加。

第一次给宝宝做抚触时，特别是做胸部抚触时，宝宝不一定会配合，甚至发生哭闹，因突然裸露身体而感到不安，坚持做几次以后，抚触就会成功。

抚触的内容

宝宝抚触的内容要按照年龄需要而定。长牙的宝宝，可以让他仰面躺下多帮他按摩小脸；到了要爬的时候，再让他趴下帮他练习爬；学习走路的阶段，除了给他做些腿部按摩外，小脚丫按摩也很重要。

除了让宝宝心情上得到放松外，更重要的是让新生儿身体放松。对宝宝进行更温柔的抚触。

抚触的具体步骤

头部

　　双手固定宝宝的头,两拇指腹由眉心部位向两侧推依次向上滑动,止于前额发际。两手拇指由下颏中央分别向外上方滑动,止于耳前。并用拇指在宝宝上唇画一个笑容。

臀部

　　新生儿臀部皮肤被尿、便污染后,容易出现臀部皮肤的感染,这会使小宝宝感到非常不适,因而,为宝宝做臀部抚触既是一种关爱,也是一种治疗,它将为宝宝带来欢乐和健康。

胸部

左手放在宝宝的胸廓右缘，左手示指、中指腹由右胸廓外下方经胸前向对侧锁骨中点滑动抚触。

足部

　　沿着宝宝的脚纹方向抚触宝宝的脚心，用拇指的指腹从脚跟交叉向脚趾方向推动。然后轻轻揉搓牵拉每个脚趾。

上肢

　　用右手握住宝宝右手，虎口向外，左手从近端向远端螺旋滑行达腕部。反方向动作，左手拉住宝宝左手，右手螺旋滑行到腕部。然后重复滑行，过程中阶段性用力，轻轻挤压肢体肌肉，然后从上到下滚搓。重复另一侧手臂。

腹部

　　腹部抚触可以刺激肠激素的分泌，让迷走神经活动更旺盛，有助于增加宝宝食量，促进消化吸收和排泄，加快体重增长。

　　左手固定宝宝的右侧髋骨，右手示指、中指腹沿升降结肠做"∩"形顺时针抚触，避开新生儿脐部。右手抚在髋关节处，用左手沿升降结肠做"∩"形抚触。右手抚在髋关节处，用左手沿升降结肠做"∩"形抚触。

下肢

　　用右手拎住宝宝的右脚，左手从大腿根部向脚腕处螺旋滑行。

　　用左手拎住宝宝的左脚，右手从大腿根部向脚腕处螺旋滑行。

背部

妈妈为宝宝做背部抚触时，宝宝取俯卧位，双脚紧贴着妈妈，这样不仅可以让宝宝感到舒适，而且有利于增加宝宝的运动量。

小贴士

在抚触过程中，要注意手法稳、准，始终保持一只手与宝宝的肌肤接触，妈妈应不断地与宝宝说话，与宝宝保持身体的接触和情感的交流。

家庭医生

★ 安抚哭闹的新生儿

新生儿出生就会大声啼哭，以后会一阵阵地哭。哭闹，实际上是宝宝的一种语言表达方式，凉了、热了、饿了、寂寞了等，新生儿都会哭，找到原因，使宝宝舒适了，宝宝就会停止哭泣。哭泣是新生儿的"语言"，所以了解宝宝的哭声，并给予积极的抚慰和帮助，这对于宝宝的健康成长很有意义。

了解新生儿的哭声	
饥饿时	宝宝饥饿时哭声很洪亮，哭时头来回活动，嘴不停地寻找，并做着吸吮的动作。只要一喂奶，哭声马上就停止。而且吃饱后会安静入睡，或满足地四处张望
寒冷时	宝宝冷的时候，哭声就会减弱，并且面色苍白、手脚冰凉、身体紧缩，这时应该把宝宝抱在温暖的怀中或加盖被子，宝宝觉得暖和了，就不会再哭了
太热时	如果宝宝哭得满脸通红、满头是汗，身上湿湿的，可能因为太热了，只要减少铺盖或衣服，就会停止啼哭
尿床时	有时宝宝睡得好好的，突然大哭起来，好像很委屈，赶快打开被子，若尿布湿了，换块干的，宝宝就安静了。尿布没湿，那是怎么回事？也可能是宝宝做梦了，或者是宝宝对一种睡姿感到不舒服，想换换姿势又无能为力，只好哭了。那就拍拍宝宝告诉他"妈妈在这儿，别怕"，或者给他换种睡姿，他又能接着睡着

★ 新生儿有眼屎怎么办

眼屎多的一个原因是宝宝体内有积热，即通常所说的"上火"。如果是这样，要注意室内温度不要太高，给宝宝不要穿得过多，适当给宝宝多喂些水，观察几天。

如果宝宝睡醒后眼睫毛黏在一起，或者内侧眼角有脓液，有可能是鼻泪管堵塞或出现泪囊炎，要尽快去看医生。宝宝泪囊炎以先天性较常见，表现为单侧或双侧出现溢泪，逐渐变为脓性分泌物，压迫泪囊区有脓性分泌物回流。究其原因，多数由于鼻泪管在鼻腔的下端出口被堵塞所引起，有的是因管道发育不全而形成褶皱、瓣膜或黏膜憩室。由于鼻泪管闭锁，分泌物潴留，常发展成慢性泪囊炎。

如果是这种情况，可不是人们所认为的"上火""热气"之类。发生此种情况的宝宝父母，应带宝宝到医院检查，确诊后采取相应的治疗措施。可在医生的指导下局部点眼药水并按摩泪囊，用相应的抗生素眼药水控制感染，每日多次沿着鼻梁两侧根部从下往上按摩鼻泪管，促使自身管道发育、通畅。

★ 新生儿大便怎样才算正常

新生儿最初 3 日内排胎便，颜色为深绿色或黑色，没有臭味。胎粪是由胎儿期肠黏膜分泌物、胆汁及咽下的羊水组成，出生后 12 小时内开始排泄，在二三天内排完。

正常新生儿大便因喂奶成分不同而不同。母乳喂养的宝宝，大便次数多，每日 6～7 次，呈金黄色，较稀，但无奶瓣；喂配方奶的宝宝，大便次数较母乳喂养少，每日 4～6 次，大便呈浅黄色，较干，这些都属正常现象。如果大便次数超过 6～7 次，而且有奶瓣及黏液，或水分增多就是病态，应设法寻找原因，给予治疗。

宝宝如果大便太干，排便困难，可以增加喂水量；每天 2～3 次，以肚脐为中心，在腹部按顺时针方向按摩，促进肠道蠕动。如果大便次数虽多却不影响宝宝正常生长发育，也不用紧张，可留意继续观察。

宝宝智力加油站

★ 抬头训练

抬头运动是新生儿动作训练中首要的一课。及早对宝宝进行抬头训练，可以锻炼颈部、背部肌肉，有利于宝宝早一点将头抬起来，也可扩大宝宝的视野。训练宝宝的抬头能力，具体有以下方法：

1. 俯卧抬头

一般在宝宝出生 10 天左右就可以进行，时间最好选在两次喂奶之间，每天让宝宝俯卧一会儿，并用玩具逗引他抬头，注意床面要尽量硬一些，但时间不要太长，以免宝宝太累。

2. 竖抱抬头

在喂奶后，可竖抱宝宝，使他的头部靠在你的肩上，并轻轻地拍几下背部，促使宝宝打个嗝，以防止宝宝因刚吃饱而溢乳。不要扶住头部，让宝宝的头部自然立直片刻，每天 4～5 次，可以促进宝宝颈部肌力的发展，使头能早日抬起。

★ 四肢训练

1. 拉腕坐起

对宝宝进行拉腕坐起的练习，可以练习宝宝的颈肌、背肌力量，促进宝宝早日坐起。

具体训练方法：让宝宝仰卧，双手握住宝宝的手腕，轻轻地将宝宝拉起，宝宝的头一般是呈前倾和下垂的状态。当块满月时，每天可练习 2～3 次，有时宝宝的头可竖起片刻。这种运动可促进宝宝的坐卧能力。

2. 扭扭操

先让宝宝平躺，握住宝宝双脚。再将左脚抬起，交叠于右脚上。注意，此时宝宝的腰部应该微微扭转。最后让宝宝恢复平躺，再换右脚，重复各 10 次。

★ 精细动作训练游戏

把有柄的玩具塞在婴儿的手中，让婴儿练习抓握；也可以用大人的手指触碰孩子的手掌，让宝宝紧紧握住，在宝宝手中停留片刻后放开。

每天还躺在婴儿床里的小宝宝，小拳头是紧紧地握在一起的，这个时候妈妈可以打开宝宝的小拳头，把指头放到宝宝手掌心中，让宝宝感知妈妈，然后宝宝会把拳头慢慢握紧，反复练习，宝宝就会逐渐把手掌打开。

通过这个游戏，增强宝宝和妈妈的互动。

★ 眼跟红球180度

在对宝宝进行一段时间的视觉训练后，宝宝的眼睛可以跟随红球运转180度，具体操作方法如下：

1. 明确地注意大玩具。将醒目的玩具放在桌面上，然后把宝宝抱在桌边，轻轻地敲桌面，宝宝会立即明确地注意玩具。

2. 跟随移动物体，视觉跟过中线。宝宝仰卧，将宝宝的头偏向一侧，然后拿拨浪鼓给他看，宝宝注意后，慢慢地把物体从一侧移到另一侧，宝宝的双眼能跟随拨浪鼓到中线。

3. 视线跟随上下移动。仰卧的时候，将拨浪鼓从宝宝的头上部向胸上部移动时，宝宝的双眼能跟着拨浪鼓上下移动。

4. 视线能环形跟随。宝宝仰卧时，把悬环拿到宝宝胸部上方，引起宝宝注意后，再拿着悬环围绕宝宝面部转圈圈，宝宝的目光有时能跟随环转动，但不是很随意。

5. 在中线立即注意。当悬环或拨浪鼓到达宝宝胸上方中线时，宝宝能立即注意。操作时可将宝宝的头从侧位转过来。

★ 听柔和的声音

刚出生的宝宝应该多听一些柔和的声音。爸爸妈妈可将大豆或小石头装入塑料瓶内封好，在距离宝宝耳边10厘米左右摇，一天进行几次，可让他注意声响。

爸爸妈妈也可以在宝宝的两侧亲切地呼唤他的乳名，宝宝听到爸爸妈妈的声音后会出现注意的神情。如此经常呼唤宝宝的名字，就会使他慢慢熟悉家人的声音。

第2个月
会熟练吸奶了

养育重点

1. 可能会出现稀便、大便每天七八次、吐奶、湿疹等情况。

2. 保持皮肤的清洁和干燥。脐带脱落前，上、下身分开清洗。

3. 开始把大小便。

4. 逐步建立起吃、玩、睡的生活规律。

5. 坚持户外活动，呼吸新鲜空气，进行日光浴。

6. 观察宝宝的哭声。

7. 注意防止出现尿布疹。

8. 注意观察哭声。

9. 练习俯卧抬头。

体格发育监测标准

2个月时		
	男宝宝	女宝宝
身　高	55.3～64.9厘米，平均为60.1厘米	54.2～63.4厘米，平均为58.8厘米
体　重	4.6～7.5千克，平均为6.0千克	4.2～6.9千克，平均为5.5千克
头　围	37.0～42.2厘米，平均为39.6厘米	36.2～41.0厘米，平均为38.6厘米
胸　围	36.2～43.4厘米，平均为39.5厘米	35.1～42.3厘米，平均为38.7厘米

接种疫苗备忘录

预防小儿麻痹：脊髓灰质炎混合疫苗
（糖丸）........ 日

预防乙肝：乙肝疫苗第一次的加强针
.... 日

第一章

0~1岁 宝宝，
妈妈爱你

大动作发育	1. 宝宝2个月时，俯卧位下巴离开床的角度可达45度，但不能持久 2. 俯卧时，能交替踢脚，为以后的匍匐前进做准备
精细动作发育	1. 成人将手指或者拨浪鼓柄塞入宝宝手中，宝宝能握住2~3秒钟 2. 把环状的玩具放在宝宝手中，宝宝的小手能短暂离开床面，举起环状玩具
视觉发育	1. 因为宝宝的视焦距调节能力差，最佳距离是19厘米 2. 目光可以追随着近处慢慢移动的物体左右移动
听力发育	1. 宝宝现在的听觉很灵敏，能够准确定位声源，并把头转向声源所在的方向 2. 不仅是对高声，还是低微的声音都有明显的反应
语言能力发育	1. 此阶段为反射性发音，会发出"a、o、e"3种或3种以上声音 2. 在有人逗时，宝宝会发出声音。如发起脾气来，哭声也会比平常大得多 3. 当听到有人与宝宝讲话或有声响时，他会认真地听，并能发出咕咕的应和声，会用眼睛追随走来走去的人
作息时间安排	1. 这个月的宝宝会慢慢熟悉生活的节奏，活动的时间开始增多 2. 在上午11点左右，用一条温湿毛巾给宝宝擦脸，让他醒来。吃过奶，就抱他到外面去玩，然后带他回来，同他做运动。到下午3点他就会累了，比较容易入睡，也会提早1个小时醒来，晚上就可以提早1个小时入睡
大小便训练	2个月的宝宝排尿的频率比新生儿期减少了，但是排尿量反而增加了。家人要注意多把尿，尤其在宝宝睡醒后
睡眠原则	2个月的宝宝每天需睡眠18个小时左右。夜间喂奶间隔时间可由2~3个小时逐渐延长至4~5个小时，尽量使宝宝晚上多睡白天少睡，尽快和父母生活节律同步

最佳喂养方案

★ 这个时期宝宝主要需要的营养

2个月的宝宝生长发育迅速，大脑进入了第二个发育的高峰期。在这个阶段，仍要以母乳喂养为主，并且要开始补充维生素C和维生素D。

维生素C可以对抗宝宝体内的自由基，防止坏血病，而维生素D可以促进钙质的吸收。

★ 如何喂养本月宝宝

在母乳充足的时候，1～2个月的宝宝仍然应该坚持母乳喂养，妈妈也要注意饮食，保证母乳的质量。这个阶段的宝宝体重平均每天增加30克左右，身高每月增加2.5～3.0厘米。这个月的宝宝进食量开始增大，而且进食的时间也日趋固定。每天要吃6～7次奶，每次间隔3～4小时，夜里则间隔5～6小时。

2个月过后母乳的分泌会慢慢减少，宝宝的体重也会每天增加不足20克，并且有可能因为奶不够喝哭闹次数增加，此阶段可以每天补加一次配方奶。

将晚上8时的母乳改成150毫升的配方奶；如果体重仍然每天增加不足20克，就需再加一次配方奶，将早上6时的母乳改为配方奶；如果这样喂养5天体重只增加了100克，应将中午11：30的母乳也改为配方奶。要注意每次配方奶的量不超过150毫升。

小贴士

夜间哺喂当心宝宝出现意外

晚上哺喂不要让宝宝含着乳头睡觉，以免造成乳房压住宝宝鼻孔使其窒息，也容易使宝宝养成过分依恋妈妈乳头的娇惯心理。另外，产后乳母自己身体会极度疲劳，加上晚上要不时醒来照顾宝宝而导致睡眠严重不足，很容易在迷迷糊糊中哺喂宝宝，所以要格外小心，以防出现意外。

★ 夜间喂奶应注意喂养姿势

夜间乳母的哺喂姿势一般是侧身对着稍侧身的宝宝，妈妈的手臂可以搂着宝宝，但这样做会较累，手臂易酸麻，所以也可只是侧身，手臂不搂宝宝进行哺喂；可以在宝宝身体下面垫个大枕头，让宝宝的身体抬高，一扭头就能吃到母乳。或者可以让宝宝仰卧，妈妈用一侧手臂支撑自己俯在宝宝上部哺喂，但这样的姿势同样较累，而且如果妈妈不是很清醒时千万不要进行，以免在似睡非睡间压伤宝宝，甚至导致宝宝窒息。

★ 妈妈奶水不够怎么办

如果妈妈的奶水不够宝宝吃，可以采取以下办法增加奶水：

保持乳母良好的情绪

分娩后的妈妈，在生理因素及环境因素的作用下，情绪波动较大，常常会出现情绪低迷的状态，这会制约母乳分泌。

医学实验表明，妈妈在情绪低落的情况下，乳汁分泌会急剧减少。因此，丈夫有义务为妻子创造一个良好的生活环境，并随时关注其心理健康。

补充营养

乳汁中的各种营养素都来源于新妈妈的体内，如果妈妈长期处于营养不良的状况，自然会影响正常的乳汁分泌。丈夫一定要把大厨的角色担当好，为妻子选择营养价值高的食物，如牛奶、鸡蛋、蔬菜、水果等。同时，多准备一点儿汤水，对妈妈乳汁的分泌能起催化作用。

由于乳汁的 80% 都是水，所以妈妈一定要注意补充足够的水分。喝汤也不一定总是肉汤、鱼汤，否则会觉得太腻而影响胃口，适当喝一些清淡的蔬菜汤或米汤换换口味也很有利于下奶。

多吃催乳食物

在采取上述措施的基础上，再结合催乳食物，效果会更明显。如猪蹄、花生等食物，对乳汁的分泌有良好的促进作用。均衡饮食，是哺乳妈妈的重要饮食法则。

哺乳妈妈对水分的补充也应相当重视。由于妈妈常会感到口渴，可在喂奶时补充水分，或是多喝鲜鱼汤、鸡汤、鲜奶等汤汁饮品，这样乳汁的供给才会既充足又富营养。

加强宝宝的吮吸

实验证明，宝宝吃奶后，妈妈血液中的催乳素会成倍增长。这是因为宝宝吮吸乳头，可促进妈妈脑下垂体分泌催乳激素，从而增加乳汁的分泌，所以让宝宝多吸吮乳头可以刺激妈妈泌乳。

小贴士

第 1 个月的宝宝只吃空妈妈的一侧奶就够了，第 2 个月每顿要吃空两边的奶才满足。所以喂宝宝吃奶时，最好让宝宝轮流吃两侧乳房。

新妈妈催乳食谱

小米鸡蛋粥

材料：小米 100 克，鸡蛋 2 个，红糖 100 克，水适量。

做法：

1. 先将小米清洗干净。

2. 将锅置火上，放入适量水、小米，先用旺火煮沸后，再改用文火熬煮至粥浓，打入鸡蛋，略煮即成，以红糖调味后进食即可。

黄豆炖排骨

材料：黄豆 100 克，排骨 500 克，盐适量。

做法：

1. 把黄豆和排骨洗干净。

2. 坐锅点火，锅内加入水，放入排骨和黄豆，先武火烧开再文火煨 20 分钟，最后放盐调味即可食用。

日常护理指南

★ 怎样让宝宝的头发更浓密

要想宝宝的头发生长浓密，充足的营养和睡眠少不了。营养方面，在注重多种营养物质搭配的同时，不要忘记补钙、铁、锌等元素。

充足的睡眠能为头发提供更多的血液供应，从而促进头发的健康生长。

★ 给宝宝选择什么样的洗发液

给宝宝洗头时应选用温和、无刺激、易起泡的宝宝洗发液，pH值在 5.5～6.5 为佳。

在给宝宝选择洗发液时，无论选择哪个牌子的洗发液，洗发后切记一定要用温水把残留在头发和头皮上的洗发液冲洗干净，以免对皮肤造成刺激、损伤毛囊。

★ 不要给宝宝剃满月头

根据专家的说法，满月剃胎发毫无科学依据。但若宝宝出生时头发浓密，并赶上炎热的夏季，为了预防湿疹，可以将宝宝的头发剃短，但不赞成剃光头，否则会使已经长了湿疹的头皮更易感染。

理发时，理发师的理发技艺和理发工具尤为重要。理发师要受过宝宝理发和医疗双重培训，使用宝宝专用理发工具并在理发前要进行严格消毒。理发后要马上洗头，用清水即可。

★ 如何给宝宝洗头

给宝宝洗头时，水温保持在37℃～38℃为宜。洗头动作要轻，用指肚一点点地揉搓头皮，不要用手指甲使劲地抓挠。

宝宝的毛发略显酸性，出汗时酸性加强，给宝宝洗头应使用中性或弱碱性的洗发液、宝宝香皂或护发素。

给宝宝洗头的步骤	
1	左臂将宝宝臀部夹在自己的左腰部，面部朝上，用左手托稳宝宝的头颈部，使头部稍微向下倾斜，腿部稍稍抬高
2	左手拇指及中指从耳后向前推压耳郭，以防止水流入宝宝耳内
3	右手蘸水将宝宝头部淋湿，涂抹宝宝香皂或洗发液，顺着一个方向轻轻搓揉。用温水冲净泡沫，再用干毛巾擦干即可

给宝宝洗头时的注意事项	
1	水温保持在37℃～38℃
2	选择宝宝洗发水，不用成人洗发水。因为成人洗发水过强的碱性会破坏宝宝头皮皮脂，造成头皮干燥发痒，缩短头发寿命，使头发枯黄
3	勿用手指抠挠宝宝的头皮。正确的方法是用整个手掌，轻轻按摩头皮。炎热季节可用少许宝宝护发剂
4	如果宝宝头皮上长了痂壳，不妨使用烧开后晾凉的植物油（最好是橄榄油，其次为花生油或菜油），涂敷薄薄的一层，再用温水清洗，很容易除掉头垢
5	洗发的次数，夏季1～2天1次为宜，冬、春季3～4天1次
6	梳理头发能刺激头皮，促进头发生长。应选择齿软而呈锯齿状的梳子，以免伤及宝宝的头发与头皮

★ 保暖护理

在冬季、深秋或早春，由于北方家庭有暖气，一般在室内的时候完全不必担心宝宝会冷。相反，不要因为怕宝宝冷就给宝宝多穿，这样会造成热性湿疹的。给宝宝穿一身全棉内衣裤配小袜子，外加一件薄薄的小外衣就足够了。南方地区的小宝宝，由于室内没有暖气，可以通过空调、电暖气等方式提高室内温度，或者用热水袋给宝宝保暖。

小贴士

热水袋水温不宜过高，一般50℃左右即可。并且要在热水袋外面包一层干毛巾，置于宝宝包被外面，不要将热水袋直接贴在宝宝皮肤上，否则很容易发生皮肤烫伤。

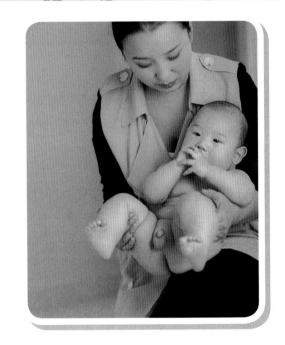

★ 要注意观察宝宝的排便需求

多数宝宝在大便时会出现腹部鼓劲、脸发红、发愣等现象。当出现这些现象时，可试着给宝宝把便。一般在宝宝睡醒及吃奶后应及时把便，但不要把得过勤，否则易造成尿频。并且，把时姿势要正确，应使宝宝的头和背部靠在大人身上，大人的身体不要挺直，而要稍往后仰，以便宝宝舒适地靠在大人身上，宝宝3个月以内还不会反抗。

把便时，给予宝宝其他的条件刺激，如"嘘嘘"声诱导把尿，"嗯嗯"声促使其大便。刚开始时，宝宝不一定配合，但坚持训练，相信宝宝会逐渐形成条件反射。这个月龄的宝宝，应密切观察大小便情况，以摸清宝宝大小便的规律，开始进行把大小便，甚至在夜间也可这样做，为以后养成良好的大小便习惯打下基础，但如果把便时宝宝打挺、拒绝，就不要勉强宝宝。

正常的大便

纯母乳喂养的宝宝大便为金黄色、稀糊状的软便；配方奶喂养的宝宝大便呈浅黄色。有时宝宝放屁带出点儿大便污染了肛门周围，偶尔也有大便中夹杂少量奶瓣，颜色发绿，这些都是偶然现象，关键要注意宝宝的精神状态、食欲情况。只要宝宝精神佳，吃奶香，不必去打针吃药，密切观察即可。

不正常的大便

如水样便、蛋花样便、脓血便、白色便（陶土便）、柏油便等，则表示宝宝生病了，应及时找医生诊治。

不正常的小便

小便时哭闹，小便色黄、色浊，小便带血等等，当发现宝宝的小便出现异常时，请及时求助于医生，分析原因后合理护理。

★ **如何判断宝宝的穿衣量**

宝宝的衣服穿得多还是少，不能只以宝宝手脚的冷热来判定。平常判断宝宝的穿衣够不够，父母最好伸手指到宝宝的后颈部，如果是潮热，或冰凉但有汗，就是热了，要减衣；如果是凉的无汗，就是冷了，要加衣；如果是干爽温暖，那就是正好。了解了这个判断方法，新妈妈就可以更加得心应手地做好宝宝的穿衣护理了。

★ **睡眠护理**

2个月的宝宝，生活主要内容还是吃了睡、睡了吃，每天平均要吃6～8次，每次间隔时间在2.5～3.5小时；相对来说，睡眠时间较多，一般每天要睡18～20个小时。

★ **抱或背宝宝**

宝宝很柔弱，全身软绵绵的，因此，在抱宝宝时，尤其是第一次做爸爸妈妈的，都觉得无从下手。下面教你2种抱宝宝的方法：

(1. 将宝宝面向下抱着)

让宝宝的脸颊一侧靠在你的前臂，双手托住他的躯体，让他趴在你的双臂上，这个姿势可以让你很顺手地来回摇摆宝宝，往往会使宝宝非常高兴，并喜欢这样的抱姿。

(2. 横抱在你的臂弯里)

宝宝仰卧时，父母可用左手轻轻插到宝宝的腰部和臀部，然后，用右手轻轻放到宝宝的头颈下方，慢慢地抱起他，然后将宝宝头部的右手慢慢移向左臂弯，将宝宝的头小心转放到左手的臂弯中，这样将宝宝横抱在妈妈的臂弯里了，这种姿势，会让宝宝感到很舒服。

家庭医生

★ 需要接种疫苗

宝宝出生后1个月注射乙肝疫苗第二针；在出生后2个月口服宝宝麻痹糖丸疫苗，又叫脊髓灰质混合疫苗，该疫苗为糖丸，2个月的宝宝首次口服，每月1次，连续服3个月。

★ 宝宝夜啼怎么回事

宝宝夜哭的原因很多，除了没有喂饱外，在生活上护理不妥也可导致宝宝夜哭。例如，尿布湿了；室内空气太闷，衣服穿得过多，热后出汗湿衣服裹得太紧；被子盖得太少使宝宝感到太凉；有时是因为宝宝口喝了也要哭；有时白天睡得太多，晚上不肯睡觉便要吵闹。当然，宝宝生病或因未及时换尿布造成臀部发炎，宝宝疼痛，更会哭吵得厉害。切勿每当宝宝哭就以为是肚子饿了，就用吃奶的办法来解决，这样极易造成消化不良，久而久之，不是大便秘结，就是腹泻不止。如果造成宝宝胃肠功能紊乱，引起腹部不适，更会使宝宝哭吵不停。

宝宝夜啼，妈妈和宝宝都得不到充分休息，一定要及时解决。要把室温、被温、体温调节适当，最好在宝宝2个月以后，逐渐养成夜里不喂奶、不含乳头睡觉的好习惯，这是解决夜啼的好办法。

★ 宝宝感冒了怎么办

这时期的宝宝感冒多是由于受凉引起的。所以，父母平时应该多观察，随时留意宝宝是否受凉、过热。如果宝宝的手是凉的，就说明是受寒，应及时添加一些衣物；如果加了衣物之后，小手仍然不暖，就要采取以下措施：

按摩

在宝宝的背部上下来回搓动，可以隔着衣服进行。把宝宝的背部搓热，这样可以起到预防感冒的作用。

缓解鼻塞

一般的宝宝感冒之后都会有鼻塞现象，这时妈妈可以用手搓搓他的小耳朵，直到发红为止，以缓解鼻塞。

★ 怎样给宝宝喂药

当宝宝病情较轻时，将宝宝抱在怀中，托起头部或半卧位，用左手拇、食二指轻轻按压宝宝双侧颊部迫使宝宝张嘴。可将宝宝头和手固定，然后用小匙将药液（药片弄碎，加温水调匀）放到舌根部，使之自然吞下。也可以使用奶瓶让宝宝自己吸吮服下，但要注意把沾在奶瓶上的药汁用少许开水刷净服用，否则无法保证足够的药量。

如果患儿病情较重，可用滴管或塑料软管吸满药液后，将管口放在宝宝口腔颊黏膜和牙床间慢慢滴入，并要按吞咽的速度进行。第一管药服后再喂第二管。如果发生呛咳应立即停止挤滴，并抱起患儿轻轻拍后背，严防药滴呛入气管。

★ 宝宝鼻子不通气怎么办

由于新生儿鼻腔短小，鼻道窄，血管丰富，与成年人相比更容易导致发生炎症，导致宝宝呼吸费力、不好好吃奶、情绪烦躁、哭闹。所以保持宝宝呼吸道通畅，就显得更为重要。

宝宝鼻子不通气的处理方法	
1	用乳汁点一滴在宝宝鼻腔中，使鼻垢软化后用棉丝等刺激鼻腔使宝宝打喷嚏，利于分泌物的排除
2	用棉花棒蘸少量水，轻轻插入鼻腔清除分泌物。注意动作一定要轻柔，切勿用力过猛损伤黏膜，造成鼻出血
3	对没有分泌物的鼻堵塞，可以采用温毛巾敷于鼻根部的办法，也能起到一定的通气作用

★ 如何预防宝宝尿布疹

宝宝的皮肤特别娇嫩敏感，很多的刺激物质包括尿液、粪便、或是潮湿环境，都会对宝宝的皮肤产生刺激，进而产生发炎、溃烂而形成尿布疹，其中尿液中的氨与粪便中的微生物被认为尿布疹的主要元凶。

为了预防尿布疹，专家建议：

选择好纸尿裤

要选择全纸质或棉柔材质、吸汗和透气性佳的纸尿裤，搓一搓，听听声音；比较薄的，大约一块饼干厚，要有松紧搭扣的，腰围有部分加宽或是大腿附近的剪裁有增加伸缩功能的，吸水量大的。

保持宝宝臀部干爽

除了要选择好纸尿裤，合理地更换纸尿裤外，平常妈妈可在宝宝排泄完后，用温水轻轻冲洗宝宝的小屁股，再用纯棉布轻轻按压拭干。等宝宝的小屁股干爽后再用较油性的润肤乳涂抹，以形成保护膜。这样就可以较好的预防尿布疹。

宝宝智力加油站

★ 宝宝喜欢盯着小手看

在发育的过程中，宝宝的小手比嘴先会"说话"，他们往往先认识自己的手，有许多时候他们会两眼盯着自己的小手很仔细地看个没完，因此，手是宝宝认识世界的重要器官。

1. 手眼协调练习。握着宝宝的手，帮助他去触碰，每当抓到玩具时，妈妈就鼓励宝宝，可促进宝宝手眼的协调。

2. 训练触摸和抓握能力。宝宝的手虽然还不能完全张开，但也要有意识地放一些玩具在他手中，如拨浪鼓、塑料捏响玩具等，这样可以训练他的抓握能力。

在训练的开始，可先用玩具去触碰宝宝的小手，让他感觉不同的物体类型。待宝宝的小手可以完全展开后，就可将玩具柄放入他的手中，并使之握紧再慢慢抽出。

★ 头部训练

出生后 1~2 个月是宝宝成长发育最迅速的时期，尤其是头部训练不可忽视，因为头部运动是全身其他运动的先导。

1. 竖抱抬头。做这个训练时，妈妈可将宝宝竖直抱起来，爸爸拿着色彩鲜艳和带响声的玩具，放在接近宝宝面部的前方逗宝宝玩，这时宝宝向前倾的头能抬起来，观察彩色玩具。

2. 训练转头。训练时，可将宝宝抱在身上，面向前方，爸爸在妈妈的背后忽而向左、忽而向右伸头，与宝宝玩类似捉迷藏的游戏，并变换着或摇动铃铛、呼唤宝宝名字、与他说话。总之，要尽量挑逗宝宝的兴趣，使他主动左右转头。

第一章

0~1岁 宝宝，妈妈爱你

★ 发音训练

宝宝在2个多月时，就有发音能力了。训练宝宝的语言能力，要多让宝宝发音、出声，爸爸妈妈可用亲切、温柔的语音来对宝宝说话，并要正面对着宝宝，以让他看清大人的口型，一个音一个音地发出"a、o、e"等母音。这样练习一会儿，应停下来歇一会儿，而后从头再练，一天反复几次即可。

★ 视听觉发展与训练

1. 视觉训练。一般来说，宝宝喜爱的颜色依次为红、黄、绿、橙等，所以，爸爸妈妈要经常用红色的玩具来逗引宝宝。

2. 寻找声源。训练宝宝寻找声源时，可以在宝宝的侧面将玩具弄响，宝宝听到响声后，就会转头去寻找。

3. 视觉刺激。将色彩明亮的丝带绑起来，挂在宝宝的小床上，让宝宝可以看到但注意要避免让宝宝触摸。在宝宝房间的墙上或床顶上挂些图片、照片或彩色壁纸，并且要经常更换，给予宝宝色彩刺激。

4. 听觉刺激。在宝宝的手里放一个轻的而且会发出声响的玩具；在宝宝的耳旁搓揉纸张，然后再换另一边；让宝宝听摇铃声，注视摇铃，引导宝宝去摇动它，使它发出声音。

★ 社交能力训练

培养宝宝的交往能力，要注重宝宝的情绪。当宝宝发脾气时，爸爸妈妈要有相应的反应，同时要注意观察宝宝在不同情况下的哭声，掌握他的情绪规律，尽量满足他的需要，这样，在与父母交往的过程中逐渐地培养感情与交往能力。

第3个月
会自己翻身了

养育重点

1. 竖抱宝宝，帮助宝宝练习抬头的动作，锻炼宝宝颈椎的支撑力。

2. 用玩具逗引宝宝发音。

3. 尽早让宝宝品尝各种味道，为以后添加辅食做准备。

4. 防止宝宝睡"倒觉"。

5. 警惕宝宝入睡后"打鼾"。

6. 训练听力，感受声音的远近。

7. 保护宝宝的皮肤，要经常洗澡。

8. 俯卧时，练习用肘支撑上身。

9. 多数宝宝此时应该补钙了。

体格发育监测标准

3个月时		
	男宝宝	女宝宝
身　高	58.4～67.6厘米，平均为63.0厘米	57.2～66.0厘米，平均为61.6厘米
体　重	5.4～8.5千克，平均为6.9千克	5.0～7.8千克，平均为6.4千克
头　围	38.4～43.6厘米，平均为41.0厘米	37.7～42.5厘米，平均为40.1厘米
胸　围	37.4～45.3厘米，平均为41.4厘米	36.5～42.7厘米，平均为39.6厘米

接种疫苗备忘录

预防小儿麻痹：脊髓灰质炎混合疫苗（糖丸）第二丸 .... 日

预防百日咳、白喉、百白破混合制剂 .... 日

宝宝智能发育记录

大动作发育

1. 头能随着自己的意愿转来转去，眼睛随着头的转动而转动。两腿有时弯曲，有时会伸直

2. 成人扶着宝宝的腋下和髋部时，宝宝能坐起，他的头能经常竖起，微微有些摇动，并向前倾

3. 俯卧时，能将大腿伸直在床面上，虽然双膝可能会弯曲，但髋部不外展

精细动作发育

1. 仰卧时，手臂能左右活动，双手会在胸前接触

2. 将手指或能发出声响的、带柄的物体放入宝宝手中，宝宝能握住并举起

3. 平躺时，能用手指抓自己的头发和衣服

4. 喜欢将手里的东西放进口中

5. 双手张开，不再握拳

视觉发育

宝宝的颜色视觉有了很大的发展，能够对某些不同的颜色作出区分。父母要利用不同的颜色锻炼宝宝的色觉能力

听力发育

1. 这个月龄的宝宝对声音开始产生兴趣，会拿东西敲打出声响

2. 如果听到陌生的声音他会害怕，如果声音很大他会哭起来

语言能力发育

1. 除元音和哭声外，能大声地发出类似元音字母的声音"ou""h""k""ai"，有时还会长声尖叫

2. 逗宝宝时，他会非常高兴地发出欢快的笑声

3. 当看喜欢的物体时，嘴里还会不断地发出"咿呀"的学语声，会出现呼吸加深、全身用劲等兴奋的表情

大小便训练

1. 这个月龄的宝宝对于大小便训练还没有概念，如果家人强行训练，他会闹情绪

2. 这个月龄的宝宝小便次数比较多，宝宝排便的次数与进食多少、进水多少都有关系

睡眠原则

1. 本月宝宝睡眠时间明显减少，睡醒了玩一会儿，上午可以连续醒1~2个小时，明显有规律了

2. 每天需睡18个小时左右，其中约有3个小时睡得很香甜，处在深睡状态

最佳喂养方案

★ **这个时期宝宝主要需要的营养**

3个月的宝宝由于生长迅速，活动量增加，消耗热量增多，需要的营养物质也开始增多。

在这个月，要注意补充宝宝体内所需的维生素和无机盐。

★ **怎样喂养本月的宝宝**

本月的宝宝仍主张以母乳喂养。一般情况下食量小的宝宝只吃母乳就足够了。宝宝的体重如果每周增加150克以上，说明母乳喂养可以继续，不需添加任何代乳品。但食量大的宝宝需要补充配方奶，否则会因吃不饱而哭闹，影响生长发育。

这个阶段宝宝吃奶的次数是规律的，有的宝宝夜里不吃奶，一天喂五次；有的宝宝每隔4小时喂一次，夜里还要再吃一次。

混合喂养的宝宝仍主张每次先喂母乳，不够的部分用配方奶补足，每次喝奶量达到120～150毫升，一天喂5～6次。

每次的量不得超过150毫升，每天的总奶量应保持在900毫升以内，不要超过这个量。虽然表面上宝宝不会有异常情况发生，但是如果超过900毫升，容易使宝宝发生肥胖，甚至还会导致厌食奶粉。

第一章
0~1岁 宝宝，妈妈爱你

★ 乳腺堵塞如何哺乳

引起乳腺堵塞最常见的原因是太多的乳汁存留在乳腺中，导致乳房发胀、发硬。这个时候妈妈要检查一下哺乳的姿势，看宝宝有没有正确地含住乳头。

妈妈在哺乳前用湿热毛巾热敷乳房3～5分钟，哺乳后再用湿冷的毛巾冷敷乳房20分钟，这样可以促进乳汁的分泌。

★ 宝宝吃配方奶大便干怎么办

大便干可能是宝宝还不适应这款奶粉，因为每种奶粉的配方是不同的，建议更换奶粉品牌。最好选含低聚果糖的奶粉，即含益生元的奶粉。

益生元的配方接近母乳，口味清淡，对宝宝肠胃刺激小，奶粉所含的益生元能帮助宝宝肠道益生菌的生长，宝宝喝后不胀气、不上火，排便顺畅。如果宝宝精神好，要多和他玩，宝宝玩累了、吃饱了就会睡觉了。

小贴士

过敏体质宝宝喝什么奶粉？

特别敏感的宝宝可以选择低敏奶粉，一般情况下父母可以给宝宝先尝试少量的普通奶粉来观察宝宝食用后的效果，如果宝宝对普通的奶粉不产生过敏现象，可以直接给宝宝喝普通的奶粉，既经济又营养全面。因为奶粉款式多，品牌也多，不是每个大众品牌都适合宝宝，如果多款试下来都不好，就可以尝试低敏奶粉。

新妈妈催乳食谱

木瓜花生排骨汤

材料：排骨 180 克，花生 120 克，木瓜 1 个。

做法：

1. 木瓜去皮、核，切块；排骨洗净，切块；花生用热水浸泡，洗净去皮。

2. 烧热油锅，下入排骨爆香盛出。

3. 锅内烧开适量水，把全部用料放入锅内，煲至各料烂熟，调味即可。

小豆鲤鱼汤

材料：鲤鱼 300 克，赤小豆 120 克，盐适量。

做法：

1. 将鲤鱼去肠杂及鳞洗净，赤小豆洗净。

2. 锅内下油烧热 放入鲤鱼煎至两面微黄 盛出。

3. 锅内加入适量水，下鲤鱼和赤小豆一起煮熟，然后用盐调味即可。

日常护理指南

★ 宝宝流口水的处理

一般的宝宝都会流口水，原因是由于唾液腺的发育和功能逐步完善，口水的分泌量逐渐增多，然而此时宝宝还不会将唾液咽到肚子里去，也不会像大人一样，必要时将口水吐掉。所以，从3～4个月开始，宝宝就会出现流口水的现象。

由于宝宝的皮肤虽然含水分比较多，比较容易受外界影响，如果一直有口水沾在下巴、脸部，又没有擦干，容易出湿疹，所以，建议家长尽量看到宝宝流口水就擦掉，但是不要用卫生纸一直擦，只需要轻轻拭干就可以，以免破皮。

★ 脚的保暖很重要

除了宝宝穿衣要合适外，宝宝的脚也要注意保暖，要保持宝宝袜子干爽，冬天应选用纯羊毛或纯棉质的袜子。

鞋子大小要合适，鞋子要稍稍宽松一些，质地为全棉，穿起来很柔软，这样鞋子里就会储留较多的静止空气而具有良好的保暖性。

鞋子过大或过小都不能让宝宝的脚舒适、暖和。可以经常摸摸宝宝的小脚，如果冰凉，除了添加衣物外，还要帮宝宝按摩脚底和脚趾，促进脚步血液循环。

★ 宝宝衣物如何清洗

衣服对于宝宝来说，除了色泽、干净、整洁以外，还特别要注重清洗的质量。

清洗宝宝衣服原则	
宝宝的衣服独洗	将宝宝的衣服与大人的衣服分开清洗，这样可以避免发生不必要的交叉感染
最好手洗	洗衣机里藏着许多细菌，宝宝的衣物经洗衣机一洗，会沾上许多细菌，这些细菌对大人来说没问题，但对宝宝可能就是大麻烦，如引起皮肤过敏或其他皮肤问题
选择婴幼儿专用的洗涤剂清洗	尽量选择婴幼儿专用的衣物清洗剂，或选用对皮肤刺激小的洗衣粉，以减少洗涤剂残留导致的皮肤损伤

洗衣服似乎很简单，其实若清洗方法不合理，或衣服上有残留的洗涤剂，都会刺激宝宝的皮肤。

宝宝衣物常见污渍的清洗	
尿液奶渍	冷水冲洗，再以一般洗衣程序处理。不要用热水，那会使蛋白附着在纤维上，不易清洗
果汁	新渍可用浓盐水擦拭污处，或及时将食盐撒在污处，用手轻搓，然后再用水浸湿放入洗涤剂洗净
汗渍	在有汗渍的衣服上喷上一些食醋，过一会儿再洗效果很好

家庭医生

★ 宝宝脐疝的治疗与护理

宝宝的病症表现

不少宝宝在哭闹时，脐部就明显突出，这是由于宝宝的腹壁肌肉还没有很好地发育，脐环没有完全闭锁，如增加腹压，肠管就会从脐环突出，从而形成脐疝。

处理方法

如果宝宝患有脐疝，应注意尽量减少宝宝腹压增加的机会，如不要让宝宝无休止地大哭大闹；有慢性咳嗽的宝宝要及时治疗；调整好宝宝的饮食，不要发生腹胀或便秘。

随着宝宝的长大，腹壁肌肉的发育坚固，脐环闭锁，直径 < 1.5 厘米的脐疝多于 1 岁以内便完全自愈，无需手术治疗。如果脐疝较大，应咨询医生后酌情处理。

★ 宝宝脸色差怎么办

宝宝脸色苍白没有精神时，可以检查下眼睑内侧和嘴唇颜色，如果偏白则很可能是贫血。

脸色通红可能是发热或者穿着过多。另外，如果宝宝出生1个月以后脸色还呈黄色并且有嘴唇发绀、呕吐、发热、血便等现象，必须立即送往医院救治。

重视宝宝的脸色变化

宝宝的脸色如果比平时红，很可能是发热，可以先测一下体温，如果是因为剧烈哭泣而引起的脸红，只要等宝宝安静下来，红色会逐渐退去。

宝宝剧烈哭泣后脸色呈红色是正常的，但是如果脸色苍白则要引起注意。如果发现宝宝在哭泣时脸色苍白，全身有痉挛现象、嘴唇呈紫色发绀时则需要立即送往医院。

脸色异常时可能患的疾病

异常脸色	可能患的疾病	表现症状
突然变青、变白	肺炎	呼吸急促，精神萎靡，咳嗽、咳痰
	肠套叠	剧烈哭闹，断续剧烈地恶心，呕吐并有血便出现
	颅内出血	头部受到打击后，意识丧失，呕吐
脸色呈青色、白色	疱疹性口腔炎	发热，口腔内有小疱疹，宝宝拒乳、烦躁、流涎
	室间隔缺损	母乳、牛奶饮食量下降，体重降低，口唇、鼻周部皮肤发青
	感冒综合征	发热、咳嗽伴有流鼻涕
脸色发红	麻疹	高热，全身有发疹现象
	风疹	发热，全身有发疹现象
	川崎病	高热，全身发疹。手足红肿，舌头有红色粒状物
皮肤金黄色	新生儿黄疸	眼白呈黄色，没有精神，粪便色黄
	胆道闭锁症	粪便呈陶土样，肝脏肿大

第一章

0~1岁 宝宝，妈妈爱你

宝宝智力加油站

★ **翻身及其他动作训练**

我们知道，刚刚出生的宝宝每天只能躺在床上或摇篮里。但随着一天天成长，宝宝在不知不觉中坐起来了，站起来了，跑起来了……这是怎么回事？这是宝宝的运动智能在发展。

宝宝通过运动才使身体强壮起来，才使自己成长，然后才渐渐长大。而在2个月时，则是宝宝动作训练的关键时期，如果这时宝宝的动作智能发展得很好，其体质成长就会很快，在这个时期一个最主要的训练动作就是训练宝宝"翻身"。

宝宝学翻身大训练

3个月的小宝宝主要是仰卧着，但在体格发育上已有了一些全身的肌肉运动，因此，要在适当保暖的情况下使宝宝能够自由地活动，特别是翻身训练。

如果宝宝没有侧睡的习惯，那么妈妈可让宝宝仰卧在床上，自己拿着宝宝感兴趣并能发出响声的玩具分别在左右两侧逗引，并亲切地对宝宝说："宝宝，看多好玩的玩具啊！"宝宝就会自动将身体翻过来。

训练宝宝的翻身动作，要先从仰卧位翻到侧卧位，然后再从侧卧位翻到仰卧位，一般每天训练2～3次，每次训练2～3分钟。

引导宝宝做抬头训练

宝宝做抬头练习，不仅锻炼宝宝颈部、背部的肌肉力量，还能增加肺活量，使宝宝较早地面对世界，接受较多的外部刺激。

俯卧抬头

让宝宝俯卧在床上，妈妈拿色彩鲜艳有响声的玩具在前面逗引，说："宝宝，漂亮的玩具在这里。"促使宝宝努力抬头。抬头的动作从抬起头与床面成45度，到3个月时能稳定地抬起90度。

宝宝的抬头训练时间可从30秒开始，然后逐渐延长，每天练习3～4次，每次俯卧时间不宜超过2分钟。

扶肩抬头

扶肩是练习抬头的另一种方法。吃完奶之后，妈妈在拍嗝的时候，让宝宝趴在自己的肩上，轻轻地拍他的后背，实际上也是锻炼宝宝颈椎的力量。

在练习时，妈妈让宝宝坐在哪只手臂上就让宝宝趴在哪一边的肩上，宝宝的脸贴在妈妈的脸上，既可以保护宝宝又不影响训练。

直立抬头

妈妈一手抱宝宝，一手撑住他的后部及背部，使头部处于直立状态，边走边变换方向，让宝宝观察四周，促使他自己将头竖直。

当宝宝用双臂支撑前身而抬头时，妈妈可将玩具举在宝宝的头前，左右摇动，使他向前、左、右三个方向看，用肘部支撑，使头抬得更高些，锻炼颈椎和胸背肌肉。通过这个训练，宝宝颈椎、胸背的肌力会大大增强。

宝宝手部动作发育及训练

这时宝宝的手经常呈张开状，可握住放在手中的物体达数分钟，扒、碰、触桌子上的物体，并将抓到的物体放入口中舔。但手与眼协调能力还不强，常抓不到物体，就是抓物也是一把抓，即大拇指与其他四指方向相同。

如果两个同样年龄大小的宝宝，用靠近小拇指侧边处取物的宝宝手的动作就没有用大拇指侧取物的那个宝宝发育得好。此外，手的抓握往往是先会用中指对掌心一把抓，然后才会用拇指对示指钳捏。

一个小宝宝如果能自己用拇、示指端拿东西，就表明他的手的动作发育已相当好了。宝宝先能握东西，然后才会主动放松，也就是说宝宝先会拿起东西，然后才会把东西放到一处。

宝宝的抓握能力训练内容	
让宝宝主动抓握	可以用带长柄的玩具触碰宝宝手掌，他能抓握住并举起来，使玩具留在手中半分钟；此外，用悬环也能抓住举起来
让宝宝用手指去抓衣物	在宝宝仰卧时，能用手指抓自己的身体、头发和衣服，有时也能将玩具抓举起来
让宝宝两手张开或轻握拳	由于宝宝这时能双手张开，因此当给他玩具时，不需要再撬开手，很容易便放到手中

★ 宝宝认知及感觉智能训练

科学研究发现，宝宝在生命的最初3个月，大脑发育十分显著，并且已经建立了思维和反应方式，这意味着在这个时期如果帮助宝宝良好地开发智能，会建立他一生中的社会、体格和认知能力。所以，在3个月时对宝宝的智能、潜能开发非常重要。

宝宝视听觉能力训练

3个月的宝宝，视觉与其他感觉已有了很大的发展，开始对颜色产生了分辨能力。头和眼已有较好的协调性，视听与记忆能力已经建立了联系，听见声音能用眼睛去寻找。在听觉上发展也较快，已具有一定的辨别方向的能力，听到声音后，头能顺着响声转动180度，通过训练宝宝的视觉能力，可以提高他的适应能力。

这时宝宝的眼睛已经能看见8毫米大小的东西，双眼能随发光的物体转动180度，眼睛更加集中灵活，对妈妈的脸能集中而持久注视。

宝宝认知和感官能力训练

认知能力训练

宝宝在3个月时，能区分不同水平方向发出的声音，并寻找声源，能把声音与嘴的动作相联系起来。这说明了宝宝感觉与认知的成长发育是很显著的。

3个月宝宝的认知能力标准	
持久的注意	仰卧时，将玩具放在手中，经密切观察，宝宝确实能注视手中的玩具，而不是看附近的东西。但他还不能举起玩具来看
持久的注意	把较大的物体放在宝宝视线内，宝宝能够持续地注意
见物后能双臂活动	让宝宝坐在桌前，若将方木堆和杯子分别放在桌面上，宝宝见到物品后会自动挥动双臂，但还不会抓取物体

感官能力训练

爸爸妈妈应尽量多地给予宝宝感观训练。在宝宝睡醒时，要用手经常轻轻触摸他的脸、双手及全身皮肤。在哺乳时，可让宝宝触摸妈妈的脸、鼻子、耳朵及乳房等，以促进宝宝的早期认知活动。

第一章

0~1 岁 宝宝，
妈妈爱你

★ 交往能力与生活习惯训练

良好的交往能力与生活习惯，离不开后天的培养与训练。即使再聪明再有天赋的人，也只有通过日常生活的交往行为来和他人建立良好的关系，所以，聪明的宝宝要从小就培养他的交往能力，让宝宝学会并知道如何与他人交往。

如何让宝宝学会与成人交往

人的交往能力是天生的，但也离不开后天培养。爸爸妈妈应该知道自己的小宝宝是具有一定智慧和能力的，因此要让宝宝学会和成人交往。这时，宝宝还能来回张望寻找亲人，亲人走近时手舞足蹈，伸手要抱。宝宝还可用面部表情表示喜悦、不快、厌倦和无聊等。

这时宝宝往往用目光期待着喂奶，看到妈妈的乳房或奶瓶时，会表现出高兴样子。此外，有时宝宝见到人，不用逗引，能自动微笑，并且发声或挥手蹬脚，表现出快乐的神情。

作为爸爸妈妈，除了在生活上关心宝宝外，还要与宝宝有情感的交流。平时要用亲切的语调多和孩子说话。一般，在 3 个月时，宝宝就会模仿成人的发音。在宝宝咿呀自语时，妈妈要与宝宝主动交流，当宝宝发出各种各样的声音时，还要用同样的声音回答他，以提高宝宝发音的兴趣，并会模仿大人的口型发出不同的声音。

多与宝宝交流

爸爸妈妈即使自己在做家务时，也可以在宝宝看不到的地方与宝宝进行交流，或放一些胎教音乐、儿歌之类，让宝宝在欢乐的气氛中自己咿呀学唱，为以后说话打下基础。妈妈还应多逗引宝宝，多使他发笑，宝宝在 3 个月时已经能笑出声来。

培养良好的交往情绪

对宝宝的情绪表情，妈妈不要不闻不问，而要有相应的反应。同时，妈妈要注意观察宝宝不同情况下的哭声，掌握他的规律，尽量满足他的需要，使宝宝在与母亲交往的过程中逐渐培养好最初的母子感情，让宝宝学会主动与大人交往，在看到爸爸妈妈时能主动发音，逗引大人讲话。

宝宝为何爱吃手

吃手是宝宝心理发展的一个表现，也是婴儿口部运动的核心。吃手是每个正常的婴幼儿都必会经历的一个生理发育过程，而宝宝吃手既能使口腔的吸吮欲望得到满足，又是在用味觉进行探索。所以，妈妈应该鼓励6个月以下的宝宝吃手，完全不用干涉；6个月以后的宝宝开始能够坐起来了，周围的一切都是新鲜的，都等着宝宝的探索。宝宝开始用抓拿来探索世界，特别是开始学习爬行以后，手整天都在忙活着，自然就吃得少了。

妈妈在宝宝6个月到1岁期间要注意引导让宝宝从用口腔探索发展到用手探索，帮助宝宝尽早顺利愉快地渡过口欲期。

可以通过以下科学的办法来面对

1. 赞赏加引导，以引导为主。当宝宝"吃手"时，用欣赏的眼光称赞他："我的小宝贝可真能干，长大了，会吃手了！来让妈妈也吃一口（让妈妈亲亲宝宝的小手），啊，好香啊"这时，宝宝就顺理成章地把小手拿出来了。

2. 加强手部按摩，让宝宝建立"手"的准确概念。小手拿出来，就可以为他做按摩，做手指游戏了，效果极佳。

3. 多抚摸宝宝、多陪宝宝一起玩，让宝宝感到愉快、安心，从而减少通过吃手来自我安慰。

4. 宝宝吃手时不要鲁莽地把手生拉硬拽出来，也不要呵斥宝宝，可以通过转移注意力的方法，如给宝宝一个有趣的玩具、指引宝宝看一些新奇的东西，自然地让宝宝把手拿出来。

如果父母在6个月以内就生硬地阻断宝宝吃手，宝宝的心理发育将受到非常大的影响，长大以后容易出现自信心不足、多疑、胆小、啃指甲等情况。

第一章

0~1岁 宝宝，妈妈爱你

★ 宝宝音乐智能培养与训练

音乐可以训练听觉能力，增强乐感和注意力，并能陶冶宝宝的性情。其实，音乐在发挥每个宝宝与生俱来的潜力上扮演着独一无二的角色，在架构一个能让宝宝健康自信地成长的和谐安全的环境中极为重要。

给宝宝一个快乐的音乐环境

给宝宝一个快乐的音乐环境，对他的身心发育有辅助作用。妈妈可以鼓励宝宝用一些简单的动作击打小鼓或有声玩具，宝宝会随着音乐节拍扭动身体，使宝宝的肢体语言表达得更加丰富多彩。

做音乐游戏

一些音乐游戏，对宝宝的感知发展很有意义。因为音乐游戏，可以使用节奏和旋律的自然手段来和宝宝进行情感互动，使宝宝在充满音乐的环境中生活并感知音乐的魅力，例如亲子园里的奥尔夫音乐课等活动。

按时播放音乐

每天选一个相对固定的时间，给宝宝听一点轻音乐或古典音乐，可以使宝宝的注意力集中，情绪安定下来。3个月后，宝宝就会开始出现自己有喜好的表情，对熟悉的音乐常会面露笑容，而对陌生的则会有疑惑的表情。

在音乐中宝宝能感受到乐趣，而且还能有利于宝宝睡眠，不需要哄就能入睡。此外，还能使宝宝情绪健康，而且注意力、记忆力、想象力、语言能力都发展不错，这些都有音乐的功劳。

训练宝宝辨别音乐来源

宝宝1个月时，就能辨别音乐的来源，在安静的时候，还会将头侧向声音的来源。到3个月的时候，宝宝会对音乐更加敏感。

给宝宝听不同的音乐

要给宝宝听很多不同的曲子，一段乐曲一天中可反复播放几次，每次十几分钟，过几天后再换另一段曲子。

训练宝宝听音乐应选择比较舒缓优美的歌曲，不要听太激烈或声音过强的音乐，以免损害小儿的听觉神经系统。

训练宝宝绝对辨音

利用音感钟或绝对音感铁琴，先让宝宝只听一种单音，例如"Ｄｏ"，每次反复弹奏3～5分钟，每天1～3次，听3～5天。3～5天之后再更换下一个单音。等宝宝熟悉各种单音之后，就可以让他听各音阶之间的差异，或弹奏简单乐曲，接着可增加各种不同乐器声音辨识的训练及演奏出的不同音乐训练。接下来，可准备一些自然音乐，如流水声、鸟叫声等，可以帮助宝宝放松大脑。

和宝宝一起说儿歌、听乐曲

和宝宝一起说儿歌，可以刺激宝宝的听觉能力，激发兴趣，唤起宝宝的情感，熟悉妈妈的声音。例如，念"布娃娃，真可爱，不吵不闹好乖乖"。

和宝宝一起听乐曲，可以发展宝宝听觉，培养宝宝的注意力和愉快的情绪。也可以结合宝宝的生活起居，如入睡前、吃奶时等，放些相适应的音乐，促进宝宝进入梦乡和激发愉快的情绪。

 小贴士

请家长们注意：

通过美妙的旋律让宝宝感受美好的生活，使他全面发展，成为一个具有高度文化素养的人。还可以提高宝宝的听觉感受，促进情感体验，陶冶情操，久而久之，可使宝宝左右大脑平衡发达。所以，经常听音乐的宝宝更聪明。

第一章

0~1岁 宝宝，
妈妈爱你

★ 为宝宝选购合适的玩具

一些有趣的玩具在宝宝的体力和智力的发展中，有着很重要的作用。通过玩玩具，可以增加宝宝的肌肉锻炼，促进动作的发展，并能使大脑潜能得以合理开发，增长智力，还能使宝宝的注意力更集中。

触摸和抓握玩具最适合宝宝玩

到3个月时，宝宝小手动作就有了很大的发展，可以将两手握在一起放在眼前玩。但此时，他的小手还不能主动张开，所以这时给宝宝买玩具要有意识地放一些带有细柄的玩具在他手中，如花铃棒、拨浪鼓、哗铃棒、塑料捏响玩具等。

小贴士

给宝宝选玩具要注意的事项

比如哗铃棒类的玩具，要选声音悦耳的，大小要适中。在大人摇铃宝宝看的最初时期，可以选用大型哗铃棒，但是到了宝宝能自己拿着玩时，哗铃棒太大了，容易碰着宝宝头和脸，很危险。所以宝宝拿在手里的哗铃棒类玩具，要选用容易拿住的小型玩具，其形状要简单，不要带有任何装饰物。

在刚开始时，教宝宝玩玩具可以先用玩具去轻轻地触碰宝宝小手的第一、二指关节，让他感觉不同的物体。等宝宝的小手能完全展开后，将玩具柄放入宝宝手中，使之握紧再慢慢抽出。此外，也可以等宝宝抓住玩具后，握住他的手，帮其摇出响声，同时讲"摇啊摇！"以引起宝宝视听的关注。

给宝宝选择的玩具要安全

给宝宝选择玩具要以安全为主，而最安全的玩具应当是用布类做成的玩具。表面的布类要无毒，里面的填充物也要求无毒，不能混有尖硬的物体，也不应为颗粒细末状物体，否则一旦破裂后易呛入宝宝的气管。

因此，为2个月的宝宝选择玩具要做到：无毒、容易清洗消毒、表面光滑、周边圆钝无棱角、色彩鲜艳、重量较轻的，若能发出悦耳的声音则更好。

像花气球、拨浪鼓等，这样的玩具在色彩上不仅能从视觉上给孩子以刺激，发出的响声还能刺激听觉，使宝宝对外界环境发生兴趣。

若是选择吊车、小车、悬车玩具，应以红色为基调，采用单一的色彩和形状。但选用这类玩具时必须注意一些问题。比如，那些带有小装饰品的玩具易招灰尘，因此应选用那些结构简单，不易招灰尘的玩具；应考虑到悬吊玩具万一掉下来怎么办，为此在安装悬吊玩具时必须注意，吊装方法一定要稳妥可靠，万无一失，同时还要考虑玩具与宝宝睡床的位置关系，保证宝宝能斜着看到玩具。

壁薄的塑料制玩具，宝宝咬一口就会破，出现切口是很危险的。另外，有些玩具带有铃铛；宝宝有时会把它吞入口中，请务必留心。

选可以按出声的娃娃和动物玩具时，必须选用声音柔和的，因为声音强烈的玩具会使宝宝受惊。

总之，这个年龄段为宝宝选择玩具，最好是带柄易于抓握能发出响声的，如摇棒、哗铃棒、小摇铃等各种环状玩具。

但有一点还需要注意，那些装有珠子和小铃的玩具一定要结实，以防脱落后被宝宝误食导致窒息。

小贴士

请家长们注意：

宝宝在这个时期最喜欢的玩具是一些能注视的可移动玩具，如手摇铃、悬吊玩具及会发声的汽车等。此外，宝宝的玩具不一定是从玩具店买来的，家里的干净的小杂物或小废品，比如鞋盒、卫生纸卷芯等都可以成为宝宝的玩具。

第4个月
喜欢让人抱

养育重点

1. 经常和宝宝谈话，逗引宝宝发音。

2. 给宝宝看一些鲜艳的颜色。

3. 及时把便，帮助宝宝形成排便的规律。

4. 给宝宝添加辅食，训练宝宝坐着吃饭。

5. 添加辅食后，注意观察宝宝的排便情况。

6. 从不同的方向发出声音，训练宝宝的听力。

7. 彻底清洁宝宝的玩具。

8. 仰卧时，轻轻拉起宝宝，训练坐位。

9. 及时擦干宝宝流出的口水。

体格发育监测标准

4个月时		
	男宝宝	女宝宝
身　高	59.7～69.5厘米，平均为64.6厘米	58.6～63.4厘米，平均为63.4厘米
体　重	5.9～9.1千克，平均为7.5千克	5.5～8.5千克，平均为7.0千克
头　围	39.7～44.5厘米，平均为42.1厘米	38.8～43.6厘米，平均为41.2厘米
胸　围	38.3～46.3厘米，平均为42.3厘米	37.3～44.9厘米，平均为41.1厘米

接种疫苗备忘录

预防小儿麻痹：脊髓灰质炎混合疫苗

（糖丸）第三丸 …… 日

预防百日咳、白喉、破伤风：

百白破疫苗第二剂 …… 日

宝宝智能发育记录

大动作发育	1. 头能够随自己的意愿转来转去，眼睛随着头的转动而左顾右盼 2. 扶着宝宝的腋下和髋部时，宝宝能够坐着。让宝宝趴在床上时，他的头已经可以稳稳当当地抬起，前半身可以由两臂支撑起
精细动作发育	1. 宝宝的两只手能在胸前握在一起，经常把手放在眼前，两只手相互抓，或有滋有味地看自己的手 2. 这个月龄的宝宝会专注地把玩自己感兴趣的玩具，从多方面去观察。摇晃后若能发出声音，会令他更加高兴
视觉发育	开始对颜色产生了分辨能力，对黄色最为敏感，其次是红色，见到这两种颜色的玩具很快能产生反应，对其他颜色的反应要慢一些
听力发育	发展较快，已具有一定的辨别方向的能力，听到声音后，头能顺着响声转动180度
语言能力发育	逗他时会非常高兴，并露出欢快的笑脸，甜蜜的微笑，嘴里还会不断地发出"咿呀"的学语声，好像在和妈妈谈心
作息时间安排	4个月起，宝宝的作息时间趋于稳定，妈妈应在白天尽量与宝宝玩耍，让房间保持充足的光线，帮宝宝分清白天和黑夜
大小便训练	1. 大小便已很有规律，特别是每次大便时会有比较明确的表示 2. 生理性腹泻要注意与肠炎区别，不要自行使用非处方药，以免破坏肠道内环境
睡眠原则	每天需睡14~16个小时，一般是上午睡1~2个小时，下午睡2~3个小时，晚上睡11个小时

最佳喂养方案

★ 这个时期宝宝主要需要的营养

4个月的宝宝体内的铁储备已消耗完，而母乳或配方奶中的铁又不能满足宝宝的营养需求，此时如果不添加含铁的食物，宝宝就容易患缺铁性贫血。

宝宝补铁刚开始可摄入富含铁的营养米粉及蛋黄，此外，在给宝宝补铁的同时，应适当给予富含维生素C的水果和蔬菜，维生素C能与铁结合为小分子可溶性单体，有利于肠黏膜上皮对铁的吸收。

★ **怎样喂养本月的宝宝**

4个月的宝宝仍主张用母乳喂养，6个月以内的宝宝，主要食物都应该以母乳或配方奶粉为主，其他食物只能作为一种补充食物。喂养宝宝要有耐心，不要喂得太急、太快，不同的宝宝食量有所不同，食量小的宝宝一天仅能吃500～600毫升配方奶，食量大的宝宝一天可以吃1000多毫升。

不要强迫宝宝吃他不喜欢的辅食，以免为日后添加辅食增加难度。

★ 如何给宝宝喝水

什么时候要给宝宝喂水

若是宝宝不断用舌头舔嘴唇，或看到宝宝口唇发干时，或应换尿布时没有尿等，都提示宝宝需要喝水了。

3个月内的宝宝每次饮水不应超过100毫升，3个月以上可增至150毫升。只要小便正常，根据实际情况让宝宝少量多次饮水。出汗时应增加饮水次数，而不是增加每次饮水量。

宝宝喝水不要放糖

不要以自己的感觉给宝宝冲糖水，平时也不要喂宝宝过甜的水。因为宝宝的味觉要比大人灵敏得多，当大人觉得甜时，宝宝就会觉得甜得过度了。

用高浓度的糖水喂宝宝，最初可加快肠蠕动的速度，但不久就转为抑制作用，使宝宝腹部胀满。

★ 宝宝发育需要铁元素

宝宝缺铁的原因

1. 早产、双胎、胎儿失血以及妈妈患有严重的缺铁性贫血，都可能使胎儿储铁减少。

2. 单纯用乳类喂养而不及时添加含铁较多的辅食，容易发生缺铁。

3. 婴儿期宝宝发育较快，早产儿体重增加更快。随体重增加血容量也增加较快，如不添加含铁丰富的食物，宝宝很容易缺铁。

4. 正常宝宝每天排泄的铁比大人多，出生后两个月内由粪便排出的铁比由饮食中摄入的铁多，由皮肤损失的铁也相对较多。

铁元素的主要来源

铁元素的主要来源有动物的肝、心、蛋黄、瘦肉、黑鲤鱼、虾、海带、紫菜、黑木耳、南瓜子、芝麻、黄豆、绿叶蔬菜等。另外，动植物食物混合吃，铁的吸收率可增加1倍，因为富含维生素C的食物能促进铁的吸收。

宝宝营养食谱

南瓜碎末

材料： 南瓜 30 克，温开水适量。

做法：

1. 南瓜削皮，用水煮软，捣碎。

2. 用温开水调成糊状，或用蔬菜汤汤汁代替温开水也可以。

大米栗子粥

材料： 泡好的大米 20 克，栗子 2 个，水 1 杯。

做法：

1. 将已泡好的大米用粉末机打成末状，备用。

2. 栗子煮熟，皮去掉，趁热研磨。

3. 将大米粉和栗子泥放入锅中，添水用大火煮开。

4. 当水沸腾后把火调小，煮到大米熟后熄火，用漏勺过滤一下。

胡萝卜奶汤

材料： 胡萝卜 1 块，冲泡好的奶粉 3 大匙。

做法：

1. 将胡萝卜放入开水中，煮至熟烂后碾成泥。

2. 锅中放入胡萝卜泥，加入冲泡好的奶粉，煮开即可喂食。

教妈妈学做维生素果汁

甜瓜汁

材料：甜瓜1个（约40克），水1/2杯。

做法：

1. 将甜瓜洗净后去皮，去除籽和瓤后切成小块。

2. 将甜瓜块装到盘里，用小匙挤压成汁。

3. 用等量的凉开水稀释。

4. 将稀释后的果汁放入锅内，用小火煮一会儿即可。

苹果汁

材料：苹果1/3个，水1/2杯。

做法：

1. 将苹果洗净，去皮，放入榨汁机中炸成苹果汁。

2. 倒入与苹果汁等量的水加以稀释。

3. 将稀释后的苹果汁放入锅内，再用小火煮一会儿即可。

日常护理指南

★ 给宝宝拍照时不要用闪光灯

宝宝全身的器官、组织发育不完全，处于不稳定状态，眼睛视网膜上的视觉细胞功能也处于不稳定状态，强烈的电子闪光灯对视觉细胞产生冲击或损伤，影响宝宝的视觉能力。

为了防止照相机的闪光灯给宝宝造成伤害，对6个月内的宝宝，要避免用电子闪光灯拍照，可改用自然光来拍照。

★ 如何抱这个阶段的宝宝

在这阶段，抱宝宝最重要的一点是防止宝宝后背扭伤，应该学会保护好后背的方法，抱起宝宝时，不应双腿站直只要弯下后背，这时整个力量都会集中在后背上。最好的方法是挺直后背，弯下双膝，让大腿撑起重力。

如果要把此阶段的宝宝放下则要注意，不要像以前那样小心，可以采用抱起的方法放下宝宝，也可以一只手撑着宝宝的上身，护着宝宝的后背和臀部，另一只手扶着臀部。如果要把宝宝放在高椅上，双手扶住宝宝的腋下，让宝宝的双腿自然垂下，正好放在座位与托盘之间。

★ 宝宝安全座椅选购指南

市售的车辆上面的安全带是按照成年人的尺寸设计的，可最大程度的保护成年人的安全。而当儿童乘坐车辆时，安全带并不能将其牢固地固定在座位上，所以，安全带也不能起到保护作用，这时给宝宝选择最适合的安全座椅就显得尤为重要。

根据宝宝的体重选择合适阶段的儿童安全座椅							
	新生儿 3千克	1岁 10千克	3岁 15千克	4岁 18千克	8岁 25千克	9岁 30千克	11岁 36千克
后向宝宝座椅 适用10千克内，1岁以下宝宝	▬▬	▬		此阶段的宝宝，颈部还没有完全发育好，还不足以支撑相对较重的头部重量，后向安装座椅比正向安装更能为宝宝的头部和颈部以及脊椎部位提供全方位的保护			
转换式安全座椅 适用9~18千克，1~4岁宝宝		▬▬▬	▬▬	是一种能够根据宝宝的年龄而调整位置的安全座椅。在宝宝体重还未达到10千克时，可以反向安装；之后则可根据需要将座椅调整到正向			
正向儿童座椅 适用15~25千克，4~8岁宝宝	此阶段的宝宝身高增长速度快，座椅上的安全带需根据宝宝的成长速度进行调节				▬▬		
增高型座椅 适用22~36千克，8~11岁宝宝	增高型座椅一般不配备安全带系统，必须依靠汽车上的安全带保护宝宝						▬▬

家庭医生

★ 急性中耳炎

宝宝的病症表现

宝宝急性中耳炎在整个婴幼儿期是常见病，因为宝宝咽鼓管本身又直又短，管径较粗，位置也较低，所以，一旦发生上呼吸道感染时，细菌易由咽部进入中耳腔内，造成化脓性中耳炎。也有的宝宝可能会因为分娩时的羊水、阴道分泌物、哺喂的乳汁、洗澡时脏水浸入中耳，引起炎症。

一旦发生中耳炎，宝宝会很痛苦，会出现哭闹不安、拒绝哺喂的现象，有的宝宝还会出现全身症状，如发热、呕吐、腹泻等，直到鼓膜穿孔时，脓从耳内流出来后父母才发现。

处理方法

本病主要在于预防，喂奶时应将宝宝的头竖直，不要让乳汁流入耳中。洗澡时要用手指将耳部压盖耳道，勿将洗澡水流入耳中。积极防治上呼吸道感染，如果宝宝鼻塞不通，应先滴药使其畅通，再哺乳。

本病的预后，即听力的恢复与该病诊治的早晚有很大关系，发现越早，治疗越早，对听力的影响也就越小，而且一次治疗要彻底，以防日后复发。

★ 流鼻涕、鼻塞

如何能让宝宝的鼻子通畅

宝宝的鼻黏膜非常敏感，早晚的凉风、气温的变化、灰尘的刺激都可能导致宝宝流鼻涕。但都是暂时的，只要保暖措施得当，室内温度适宜就会好。但是如果宝宝一整天都持续流鼻涕、鼻塞，很可能是感冒引起的。

鼻塞会对喝奶、睡眠产生影响，所以，这个时候要经常给宝宝擦鼻涕。另外，还要注意保持室内湿度，防止干燥。

护理要点

宝宝的皮肤很娇嫩，如果用干的纱布、纸巾擦鼻涕很容易把皮肤擦红。所以，要用湿润的纱布拧干后轻轻擦拭。如果鼻涕凝固堵塞鼻孔，可以用棉棒蘸取少量宝宝油，伸进鼻孔进行疏通。注意不要让棉棒刮伤鼻黏膜，或者将热毛巾放在鼻根处，热气就会疏通堵塞的鼻孔。用热水浸湿毛巾或者将湿毛巾放入微波炉内加热都可以，一定不要温度过高烫伤宝宝。

宝宝持续流鼻涕时，家长会经常给宝宝擦鼻子，鼻子下面就会变得很干燥，总是红红的。这时可以给宝宝涂一些宝宝油或者润肤霜，防止肌肤干燥。

宝宝智力加油站

★ 宝宝的肢体运动与动作训练

这个月的宝宝，做动作的姿势较前熟练多了，而且能够呈对称性。当你把他抱在怀里时，宝宝的头能稳稳地直立起来。

由于这时期的宝宝，大部分的时间都是在床上或摇篮里躺着，是手眼协调能力训练的最佳时期。

锻炼宝宝手部抓握能力

这个月的宝宝，很喜欢在自己胸前玩弄和观看双手，喜欢抓东西，抓了东西喜欢放到嘴里，抓起来后又喜欢放下或扔掉，把东西抓在手里敲打。

训练宝宝的手部的动作，可以在宝宝的周围放一些玩具或在小床上方悬挂一些玩具，如拨浪鼓，响铃、圆环等玩具，让宝宝能看到并伸手可以抓到，以锻炼他手部抓握的能力及手眼协调能力。具体训练方法有以下几项：

训练抓握

爸爸可以将带响声的玩具，拿到宝宝面前摇晃，使其注视，然后将玩具放在宝宝伸手可抓到的地方，激发宝宝去碰和抓。

如果宝宝抓了几次，仍抓不到玩具，就将玩具直接放在他的手中，使他握住，然后再放开玩具，教他学抓。

训练抱奶瓶

妈妈在给宝宝喂奶时，会看到宝宝往往会把双手放在乳房或奶瓶上，好像扶着似的。

这是宝宝接近和接触物体动作的初始发展，妈妈可以通过训练宝宝去触摸乳房或奶瓶培养这个动作。

宝宝手臂活动训练

宝宝手臂的活动能力，是随着身心的发展而发展的，因此，爸爸妈妈应多让宝宝做些手臂运动。这个月的宝宝，刚开始抓握东西时，眼睛并不看着手，看东西时也不会去拿，眼和手的动作是不协调的。

宝宝经过多次地反复地抚摸、抓握物体，使视觉、触觉与手的运动之间发生了联系，才逐步开始有了手眼的协调，也就是说能用眼睛看着东西，然后用手去抓。

双臂训练

妈妈将玩具拿到宝宝胸部的上方时，宝宝看到玩具后，他的双臂便活动起来，但手不一定会靠近玩具，或仅有微微地抖动；如将玩具放在桌面上，宝宝看到后，也会出现自动挥举双臂的动作，但并不要求抓到玩具。

抓住近处玩具

抱起宝宝，将玩具放在距宝宝一侧手掌约2.5厘米处的桌面上，鼓励宝宝抓取玩具时，他能一手或双手抓取玩具。

训练伸手接近物体

妈妈抱着宝宝靠在桌前，爸爸在距宝宝1米远处用玩具逗引他，观察宝宝是否注意。慢慢地将玩具接近，逐渐缩短距离，最后让宝宝一伸手即可触到玩具。

如果宝宝不会主动伸手朝玩具接近，可引导他用手去抓握、触摸和摆弄玩具。

宝宝翻身、拉坐练习

这个月的宝宝，已经可以多做一些翻身与拉坐练习了，这能锻炼他的活动能力。

宝宝翻身练习

当宝宝在仰卧时，妈妈拍手或用玩具逗引使他的脸转向侧面，并用手轻轻扶背，帮助宝宝向侧面转动。当宝宝翻身向侧边时，妈妈要用语言称赞他，再从侧边帮助他转向俯卧，让他俯卧玩一会儿，然后，将宝宝翻回侧边仰卧，休息片刻再玩。

这个训练可以让宝宝全身得到运动。练习翻身时要给宝宝穿薄而柔软的衣裤，以免影响宝宝活动。

宝宝拉坐练习

当宝宝在仰卧位时，妈妈可握住他的手，呼唤宝宝的名字，引起宝宝的注意后，再将他缓慢拉起，注意要让宝宝自己用力，妈妈仅用很小的力气，以后逐渐减力，或只握住妈妈的手指拉起来。

通过这个训练，宝宝的头能伸直，躯干上部能挺直，还能使颈和背部肌肉得到锻炼。

第一章

0~1 岁 宝宝，妈妈爱你

训练宝宝抬头能力

这个月的宝宝在俯卧时，会抬头到适当高度，两眼朝前看，面部与床面呈 90 度，并能保持这个姿势。这时要及时地训练宝宝多做抬头锻炼。

用玩具逗引抬头

妈妈用色彩鲜艳带声响的玩具给俯卧的宝宝看，然后，再将玩具慢慢向上移动，逗引宝宝抬头。

通过这个训练，使宝宝随玩具抬起头，能锻炼颈背肌肉。

前臂支撑的抬头锻炼

在宝宝俯卧位时，妈妈站在宝宝前面，逗引他用前臂支撑上身，挺起胸部抬头看大人。

宝宝肢体动作训练	
在俯卧位时	如果宝宝的一只手臂伸直，另一只弯曲，就表现出要从他伸出的手臂上被动翻身倾向。但由于体位关系，可能会不自主地滚向仰卧位。这时，如果妈妈用手将宝宝的胸腹托起悬空的话，他的头、腿和躯干能保持在一条直线上
在仰卧位时	宝宝平躺在床上时，双手会自动在胸上方合在一起，并且手指互相接触，两手呈相握状；这时宝宝会出现抬腿动作，可以趁机训练
在坐位时	妈妈扶宝宝坐起，当头保持稳定时，头会向前倾，手臂或躯干移动或转头时，头基本稳定，只是偶尔晃动。如果宝宝的躯干上部挺直以维持坐姿时，只是腰部有弯曲，这时妈妈可以辅助宝宝坚持一会儿
将物体放到嘴里的动作训练	妈妈将物体放在宝宝手中，有时他会有将物体放到嘴里的动作，但动作比较笨拙，或者是一再努力尝试，这时一定要抓紧训练

★ 宝宝的语言能力训练

这个月的宝宝，在语言发育方面进步较快。高兴时，嘴里会发出"咯咯咕咕"的声音，好像在跟你对话。爸爸妈妈一定要抓住宝宝的这个特点，开发他的语言能力。

这个月的宝宝已经能够对人和物发声，在宝宝看到自己熟悉的人或玩具时，能发出"咿咿呀呀"的声音，好像在用自己的语言说话；当妈妈在宝宝背后摇铃时，宝宝会把头转向声源；有时宝宝会以低音调的声音改变口腔气流，发出哼哼声和咆哮声；有时会以笑或出声的方式，对人或物"说话"。

多和宝宝说话

爸爸妈妈在照顾宝宝的过程中，要多跟宝宝说话，最好是面对宝宝，结合实物，一字一字地发出单个音节。

爸爸妈妈说话的时候，一定要让宝宝能够看清楚自己的口型，从而很好地模仿。

鼓励宝宝发音

爸爸妈妈要经常与宝宝说话并逗引和鼓励宝宝发音，即使宝宝只是发出"咿咿呀呀"的声音，也要及时应答，这样会使宝宝愉快、兴奋，愿意再次发出声音。

★ 宝宝视觉与听觉训练

宝宝一生下来就已经具备视觉与听觉能力，但这些能力还很微弱。在 4 个月时，随着丰富的环境刺激及影响，视觉与听觉便会迅速发展起来。这时，一定要做好宝宝视觉与听觉的训练培养。

宝宝的视觉发育与训练

这个月的宝宝，在视觉方面开始与手的动作相协调，这时爸爸妈妈要及时进行培养训练。

注视小物

妈妈可以选择在白色的餐巾或毛巾中央，放一粒红色的糖豆，并逗引宝宝注意看这粒小东西。观察宝宝能否看到这粒糖豆，在开始时，宝宝扒弄糖豆动作不准确，可能先用手去拍打，后来用五个手指把糖豆扒到掌心，但常常抓不准容易掉下来。

只要能扒弄糖豆就说明宝宝手眼协调能力良好。妈妈还要注意宝宝的动作，不要让他把糖豆放入口中，以免发生危险。

追视滚球

妈妈把宝宝抱坐在膝上，在有镜子的桌前，把球从桌子的右侧滚向左侧，再从左侧滚回右侧。这时，妈妈从镜中可以看到宝宝的眼睛和头跟着球转动，球滚动的速度不宜过快，以避免宝宝视觉疲劳。

关于本月宝宝的视觉训练，除了上述的训练外，还可以采取以下几种方法，并且这几种训练方法不但能促进宝宝的视力发展，还能培养宝宝爱思考的习惯。

宝宝思维性视觉训练	
颜色训练法	家长可以让宝宝多看各种颜色的图画、玩具及物品，并告诉宝宝物体的名称和颜色。使宝宝对颜色的认知发展过程大大提前
声音训练法	用玩具发出的声音，吸引宝宝转头寻找发声玩具，每日训练2~3次，每次3~5分钟，以拓宽宝宝视觉广度
大小远近训练法	爸爸妈妈选择一些大小不一的玩具，从大到小，放在桌上吸引宝宝注视，吸引宝宝用手去抓握。训练宝宝注视远近距离不等的物体有助于宝宝的视力的发展

宝宝的听觉发展与训练

4个月的宝宝，听觉发育也已经有了很大的变化，能分辨出大人发出的声音，如果听见妈妈的说话声就会很高兴，并且开始发出一些声音，好像是对大人的回答。这时爸爸妈妈也应及时地培养与训练。

爸爸妈妈要想办法吸引宝宝去寻找前后左右不同方位以及不同距离的发声源，以刺激宝宝方位感觉能力的发展。

爸爸妈妈还应该让宝宝从周围环境中直接接触各种声音，这样可以提高宝宝对不同频率、强度、音色声音的识别能力。通过这些听觉训练，可以促进宝宝的听力发展，培养宝宝的认知能力。

★ 宝宝的社交能力培养

4个月的宝宝，在用肚子趴着时，可伸直双臂撑起上身向四周看；会去抓拨浪鼓等玩具；可放声大笑，高兴时会发出长而尖的叫声；可自然地微笑；会注意很小的物体；能认出爸爸及其他亲人。可以说，这个时期宝宝的社交行为与认知能力已有很大的发展。

社交能力强的宝宝，会出现自发微笑迎接人的神态。当宝宝见到熟人，能自发地微笑，主动地进行社交活动。提升宝宝的社交能力，能培养他良好情绪，使宝宝愉快地成长。

经常抱宝宝出去玩

经常抱宝宝出去玩，让宝宝多接触人，有助于宝宝社交能力的发展，而且还能减缓宝宝即将出现的怕生现象。

多让宝宝参与聊天

当你和别人在聊天时，不妨也让宝宝参与进来，要知道，宝宝会试着用各种新的方法与你交流，简直变成了你家的单人乐团，并且对自己很满意。

经常和宝宝对话

妈妈用亲切的声音在宝宝背后叫他的名字，当宝宝将头转向你时，要亲切和蔼地向宝宝笑笑，并说："啊，是在叫你呀，真乖！"这样能训练宝宝将头转向叫他名字的人，并能培养宝宝发出声音。

第一章
0~1岁 宝宝，妈妈爱你

★ **本月宝宝即可进行早期阅读活动**

早期阅读的范围非常宽泛，婴幼儿凭借色彩、图像、成人的言语以及文字等来理解以图为主的儿童读物的所有活动都属于早期阅读。

(宝宝能力特点)

在宝宝4个月大时，就可以带他进行早期阅读了。在他的头部可以稳定地竖立起来时，就可以抱着他一起看一些色彩鲜明、线条清晰、每页只有一两幅图案的画册。

(宝宝能力培养方案)

在让宝宝阅读时，最好边看边用清晰、正规的语言说出图案的名称，同时让宝宝的手指去触摸图案，不要在意宝宝是否听得懂，只要多次重复即可。让宝宝阅读时，所选图案的内容最好是宝宝经常看到的，如香蕉、苹果、皮球等，这样容易获得更深刻的印象。

每天都应该有一个相对固定的时间，抱着宝宝一起阅读，让宝宝养成阅读的习惯。时间可以从最初的2～3分钟逐渐延长到10～20分钟。

妈妈爸爸需要注意的是，早期阅读是一个循序渐进的过程。宝宝的个体差异比较大，有的宝宝进入某个阶段早些，有的则晚些。因此，爸爸妈妈要做到因材施教。而且，在阅读过程中，爸爸妈妈要以搂抱等身体接触以及微笑、谈话来向宝宝传递爱的信息，以使宝宝喜欢上阅读。

★ 亲子智能游戏大开发

所有的爸爸妈妈，都希望自己的宝宝聪明可爱、拥有高智商，长大之后能够事业成功、生活幸福。因此，爸爸妈妈们就应该多观察宝宝的潜在能力，并且施以适宜的教育和亲子训练，以协助宝宝将潜力做最大的发挥。

培养亲子关系的互动游戏

与宝宝做亲子游戏，可以边玩边互动提升宝宝人际智能。在游戏中，宝宝得到更多与他人互动的机会，为他形成良好的社交能力打下基础。游戏中，宝宝通过对现实生活的模仿，再现社会中的人际交往，练习着社交的各种技能，不知不觉中就提升了人际智能。

作为爸爸妈妈，平时应利用短暂时间与宝宝在一起玩一会儿，不要总是在特殊日子里如妇幼节，才想起亲近宝宝的重要性，而是要在平时就多与宝宝在一起，多跟宝宝说话、做游戏，抚摩宝宝的皮肤，满足宝宝的亲情渴望。

换尿布，摸球球

适合月龄：4～8个月的宝宝

游戏过程：给宝宝换尿布的时候，是锻炼运动技能的好机会。妈妈可以在天花板上吊一个妈妈够得到而宝宝够不到的气球。在换尿布时，让球慢慢晃动，宝宝很快就会被球吸引，然后就会伸手去够球。换完尿布后，把宝宝抱起来，让他摸摸球。

游戏目的：可以分散宝宝的注意力，帮助妈妈更顺利地完成帮宝宝换尿布的过程，还能锻炼宝宝手臂的肌肉力量。

第一章

0~1岁 宝宝，妈妈爱你

运动游戏智能开发大行动

作为爸爸妈妈，不知你发现没有，宝宝常常会兴奋地向你摆动着小手、小脚，其实他是在对你说："跟我玩玩吧"，因此，爸爸妈妈何不利用空闲时间和宝宝一起来玩玩运动游戏呢？

宝宝要学习的内容可不少，动作的学习是其中的一个重要任务，并且越早对宝宝进行身体运动方面的训练，对宝宝智能开发的作用就越大。

玩具说话了

适合月龄：4~8个月的宝宝

游戏过程：把准备好的玩具，摆放在婴儿床边，以便宝宝可以抓起它们。或在宝宝的面前一边晃动玩具一边说，"嗨，宝宝，你好吗？"在晃动玩具说话时，爸爸妈妈可以根据不同的玩具变换说话的语调，以给宝宝倾听不同声音的机会。

游戏目的：通过模仿各种小动物的典型叫声让宝宝对这些小动物有最初的印象，通过不同声音的语调变换，让宝宝对游戏和玩具产生更大的兴趣和好奇心。

摆弄翻身法

适合月龄：4~8个月的宝宝

游戏过程：摆弄翻身，就是将宝宝翻身姿势事先摆好，借助外力帮助翻身。让宝宝仰卧，然后在左侧放一个小玩具逗引他，让他有去拿的冲动。这时将宝宝的右腿放到左腿上，将右手放在胸上，轻轻地推宝宝的肩膀，使其抬离平面，一边拿玩具逗宝宝，一边用手推背部，帮助他顺利翻身。

游戏目的：帮助宝宝顺利翻身。

第5个月
开始怕生了

养育重点

1. 添加辅食，由少到多，由稀到稠，由细到粗，让宝宝习惯一种再加一种。

2. 多用玩具逗引宝宝翻身。

3. 对宝宝进行冷适应锻炼，增强鼻腔、皮肤的抗病能力。

4. 多晒太阳，补充维生素D，防止宝宝缺钙。

5. 暖和的季节，每天至少有两个小时的室外活动时间。

6. 扶着宝宝的腋下，帮助宝宝站立起来。

7. 与宝宝面对面，发出"wu-wu" "ma-ma" "ba-ba"等重复音节，逗引宝宝模仿。

8. 经常叫宝宝的名字。

体格发育监测标准

5个月时		
	男宝宝	女宝宝
身　高	62.4～70.8厘米，平均为66.6厘米	60.9～68.3厘米，平均为64.6厘米
体　重	6.2～9.7千克，平均为8.0千克	5.9～9.0千克，平均为7.5千克
头　围	40.6～45.4厘米，平均为43.0厘米	39.7～44.5厘米，平均为42.1厘米
胸　围	39.2～46.8厘米，平均为43.0厘米	38.1～45.7厘米，平均为41.9厘米

接种疫苗备忘录
预防百日咳、白喉、破伤风：百白破疫苗第三剂 .... 日

宝宝智能发育记录

| 大动作发育 | 1. 从这个月开始，由于宝宝运动加剧，身长增长速度开始下降，这是正常发展规律
2. 各种动作较以前熟练了，而且俯卧位时，能把肩胛呈90度角 |

| 精细动作发育 | 1. 拿东西时，拇指较以前灵活多了，可以攥住小东西
2. 宝宝喜欢乱抓各种各样的东西，会对玩具做各方面的观察，最后放在嘴里做进一步的"鉴定" |

| 视觉发育 | 物品在他眼中已逐渐形成有立体感的影像了。只要是放在周围的固定物，宝宝相对比较能确定物品的位置，并伸手去拿。之后宝宝能逐渐盯着某一物看几秒钟，即"定视"的能力 |

| 听力发育 | 这个阶段的宝宝听觉已很发达，对悦耳的声音和嘈杂的刺激已经能作出不同反应。妈妈轻声跟他讲话，会表现出注意倾听的表情 |

| 语言能力发育 | 1. 这个时期的宝宝在语言发育和感情交流上进步很快，会大声笑，声音清脆悦耳
2. 当有人与他讲话时，他能发出"咿呀"的声音，好像在与人对话 |

| 作息时间安排 | 这个月的宝宝会区分昼夜了，睡觉的时候生长激素分泌非常旺盛 |

| 大小便训练 | 5个月的宝宝开始添加辅食了，宝宝的大便和之前比会出现颜色和形状上的差异，这些都是正常的 |

| 睡眠原则 | 这个月龄的宝宝爱睡觉的并不多，因为体能和智能发育都大大提高了，正常每天需睡眠14~16个小时，如果宝宝睡眠不足14小时，但只要精神饱满，就属正常 |

最佳喂养方案

★ 这个时期宝宝主要需要的营养

这个阶段的宝宝母乳已经无法满足其所需营养，需要添加辅食，补充宝宝所需的维生素和无机盐，特别是铁和钙，还要为身体补充热量和蛋白质。

★ 添加辅食需要耐心

初次添加辅食，宝宝会因为不适应新食物的味道而将食物吐出来，但这并不表示宝宝不爱吃，要有耐心地连续喂宝宝几天，让他喜欢这样的口味。

宝宝的辅食添加顺序	
4～5个月	这个时期宝宝刚要出牙，最好的选择是添加米粉，每天一两次。米粉可以刺激口腔内消化酶发生作用，促进消化。这个阶段可添加的辅食：强化铁米粉、菜泥、果泥
6～7个月	半岁以后，宝宝的消化能力、咀嚼能力都有所加强，可添加的辅食有稀饭、烂面条、菜末、蛋黄、鱼泥、豆腐等
8～9个月	这个时期主要辅食有：肉末、动物内脏、烤馒头片、磨牙棒（饼）、饼干、鸡蛋等
10～12个月	这个阶段的宝宝可以慢慢断奶了，主要辅食有稠粥、软饭、碎肉、碎菜、馄饨等

小贴士

宝宝不喜欢时可寻找替代品

在添加辅食时为宝宝创造良好的气氛，不要破坏宝宝的食欲。如果宝宝不爱吃某种食物，可以先暂停喂食，隔段时间再喂，这期间可以找成分相似的替代品。

★ 怎样喂养本月的宝宝

这个月龄的宝宝仍愿意吃母乳，所以，这个阶段要使宝宝的发育正常，仍可以以母乳为主。同时要添加辅食，补充宝宝成长所需的营养，也要为日后的换乳做好准备。

4～5个月的宝宝食量差距就比较大了，有的宝宝一次喝200毫升奶还不一定够，但有的宝宝一次喝150毫升奶就足够了。

人工喂养时

宝宝到了4～5个月，不要认为就应该比上一个月多添加奶粉，其实量基本是一致的。这个月可以适时喂宝宝一些泥糊状食物，添加泥糊状食物的目的是为了让宝宝养成吃乳类以外食物的习惯，刺激宝宝味觉发育，为宝宝进入换乳期做准备，同时也能锻炼宝宝的吞咽能力，促进咀嚼肌的发育。

如果宝宝一次性喝下较多配方奶可以保证很长时间不饿的话，也可以采取这样的喂养安排，每次喂配方奶220～240毫升，一天喂四次。但要注意，不要因为宝宝爱喝配方奶就不在乎宝宝发胖，而不断给宝宝增加奶量，这样会影响宝宝的健康和发育。

母乳喂养时

4～5个月的宝宝体重增加状况和上一个月相比区别不大，平均每天增长15～20克，母乳喂养的情况跟上个月差不多。但是当母乳不充足时，宝宝就会因肚子饿而哭闹，体重增加也变得缓慢，这时就必须要添加配方奶了。但是实际上，到了现在才开始添加配方奶，宝宝很可能已经不肯吃了。

当宝宝实在不喝配方奶的时候，可以选择其他的营养品代替，比如，分次喂服1/6蛋黄，观察宝宝大便情况，如果没有异常，可以继续加下去。1～2周后可以试着添加菜汁、水果泥等每次100毫升。

★ 添加辅食的方法

合理给宝宝添加辅食

宝宝4～5个月时就可以开始添加辅食了，但是添加辅食的时候，奶量不要减少得太多太快。开始添加的时候还要继续保持奶量800～900毫升，这时添加辅食的量是较少的，应该以奶为主，因为奶中的蛋白质营养吸收相对较高，对宝宝生长发育有利。

如果给宝宝以吃泥糊状食物为主，如粥、米糊、汤汁等，宝宝会虚胖，长得不结实。若是辅食的品种数量不太合适，里面的营养素就不能满足宝宝成长发育的需要，如缺铁、缺锌就会造成宝宝贫血、食欲不好。

随着宝宝的逐渐长大，从母体带来的抵抗力也会逐渐减少，自身抗体的形成不多，抵抗力就会变差，所以容易生病。因此妈妈应注意给宝宝添加辅食了。

注意不要强迫宝宝吃东西，否则宝宝也许连喜欢的食物也开始排斥了。试喂换乳前的果汁，慢慢地让宝宝习惯母乳、奶粉以外的味道。

喂辅食时要使用专用匙

注意用宝宝专用匙来喂泥糊状食物，喂食物时千万不能让宝宝躺着，可以先让妈妈或家人抱着喂，等宝宝自己能够坐的时候把宝宝放在儿童椅上再喂。

蔬菜汤的烹调要点

习惯了果汁之后，可以试着喂宝宝营养充足的蔬菜汤，把应季蔬菜煮透之后取少量汁，酌量给予，最初用凉开水稀释2～3倍喂宝宝。

适合做蔬菜汤的蔬菜有卷心菜、大萝卜、洋葱、胡萝卜等汁少的蔬菜，不要选用芹菜、香菜等味道很重的蔬菜；也不要把煮过菠菜、油菜的水喂给宝宝，因为那里含有较多的草酸、植酸，会影响钙的吸收。

★ 泥糊状辅食的制作工具

父母在给宝宝制备泥糊状食物时，要注意食物的种类和烹饪的方式，无论是蒸、煮还是炖，都要多多尝试，这样或许会让宝宝胃口大开。

合适的泥糊状食物制作工具是必不可少的，父母要专门准备一套制作工具。还要给宝宝准备一套专用的餐具，并鼓励宝宝自己进食，会产生事半功倍的效果。

安全汤匙、叉子

这组餐具的粗细很适合宝宝拿握，非常受欢迎。叉子尖端的圆形设计，能避免宝宝使用时刺伤自己的喉咙，上面还印有宝宝喜爱的卡通人物，能让宝宝享受更愉快的用餐时光。

食物研磨用具组

尽管使用家中现有的用具也能烹调泥糊状食物，但若准备一套专门用具，会更方便顺手。它有榨汁、磨泥、过滤和捣碎4项功能，还能全部重叠组合起来，收纳不占空间。

食物研磨用具可以方便调制宝宝泥糊状食物。可在微波炉里加热。食物研磨用具组是方便、多样化调配泥糊状食物的万能工具。

★ 什么时候开始添加辅食

辅食最好开始于 4 个月之后

宝宝出生后的前 3 个月基本只能消化母乳或者配方奶，并且肠道功能也未成熟，进食其他食物很容易引起过敏反应。若是喂食其他食物引起多次过敏反应后可能引起消化器官和肠功能成熟后也会对食物排斥。所以，换乳时期最好选在消化器官和肠功能成熟到一定程度的 4 个月龄为宜。

辅食添加最好不晚于 6 个月

6 个月大的宝宝已经不满足于母乳所提供的营养了，随着宝宝成长速度的加快，各种营养需求也随之增大，因此通过辅食添加其他营养成分是非常必要的。6 个月的宝宝如果还不开始添加辅食，不仅可能造成宝宝营养不良，还有可能使得宝宝对母乳或者配方奶的依赖增强，以至于无法成功换乳。

过敏宝宝从 6 个月开始添加辅食

宝宝生长的前 6 个月最完美的食物就是母乳，因此纯母乳喂养到 6 个月不算太晚，尤其是有些过敏体质的宝宝，添加辅食过早可能会加重过敏症状，所以这种宝宝可 6 个月后开始换乳。

★ 可以添加辅食的一些表现

等到宝宝长到 4 个月后，母乳所含的营养成分已经不能满足宝宝的需求了，并且这时候宝宝体内来自母体残留的铁元素也已经消耗殆尽了。

宝宝的消化系统已经逐渐发育，可以消化除了奶制品以外的食物了。

1	首先观察一下宝宝是否能自己支撑住头，若是宝宝自己能够挺住脖子不倒而且还能加以少量转动，就可以开始添加辅食了。如果连脖子都挺不直，那显然为宝宝添加辅食还是过早
2	背后有依靠宝宝能坐起来
3	能够观察到宝宝对食物产生兴趣，当宝宝看到食物开始垂涎欲滴的时候，也就是开始添加辅食的最好时间
4	如果当4~6个月龄的宝宝体重比出生时增加一倍，证明宝宝的消化系统发育良好，比如酶的发育、咀嚼与吞咽能力的发育、开始出牙等
5	能够把自己的小手往嘴巴里放
6	当大人把食物放到宝宝嘴里的时候，宝宝不是总用舌头将食物顶出，而是开始出现张口或者吮吸的动作，并且能够将食物向喉间送去形成吞咽动作
7	一天的喝奶量能达到1升

★ 添加初期辅食的原则、方法

添加初期辅食的原则

由于生长发育以及对食物的适应性和喜好都存有一定的个体差异，所以每个宝宝添加辅食的时间、数量以及速度都会有一定的差别，妈妈应该根据自己宝宝的情况灵活掌握添加时机，循序渐进地进行。

添加辅食不等同于换乳

当母乳比较多，但是因为宝宝不爱吃辅食而用断母乳的方式来逼宝宝吃辅食这种做法是不可取的。因为母乳毕竟是这个时期的宝宝最好的食物，所以不需要着急用辅食代替母乳。

添加初期辅食的方法

妈妈到底该如何在众多的食材中选择适合宝宝的辅食呢？如果选择了不当的辅食会引起宝宝的肠胃不适甚至过敏现象。所以，在第一次添加辅食时尤其要谨慎些。

留意观察是否有过敏反应

待宝宝开始吃辅食之后，应该随时留意宝宝的皮肤。看看宝宝是否出现了什么不良反应。如果出现了皮肤红肿甚至伴随着湿疹出现的情况，就该暂停喂食该种辅食。

留意观察宝宝的粪便

宝宝粪便的情况妈妈也应该随时留意观察。如果宝宝粪便不正常，也要停止相应的辅食。等到宝宝没有消化不良的症状后，再慢慢地添加这种辅食，但是要控制好量。

辅食添加的量

奶与辅食量的比例为 8：2，添加辅食应该从少量开始，然后逐渐增加。刚开始时添加辅食时可以从铁强化的米粉开始，然后逐渐过渡到菜泥、果泥、蛋黄等。食用蛋黄的时候应该先用小匙喂大约 1/8 大的蛋黄泥，连续喂食 3 天；如果宝宝没有大的异常反应，再增加到 1/4 个蛋黄泥。接着再喂食 3～4 天，如果还是一切正常就可以加量到 1/2 个蛋黄泥。需要提醒的是，大约 3% 的宝宝对蛋黄会有过敏、起皮疹、气喘甚至腹泻等不良反应。如果宝宝有这样的反应，应暂停喂养，等到 7～8 个月大后再行尝试。

| 4 | 4 个月后开始喂 | 5 | 5 个月后开始喂 |
| 6 | 6 个月后开始喂 | ! | 注意过敏反应 |

★ 初期辅食食材

| 南瓜 4 | 富含脂肪、糖类、蛋白质等热量高的南瓜，本身具有的香浓甜味还能增加食欲。初期要煮熟或者蒸熟后再食用 | |

| 香蕉 5 | 含糖量高，脂肪、酸含量低，可以在添加辅食初期食用。应挑表面有褐色斑点熟透了的香蕉，切除掉含有农药较多的头部。初期放在米糊里煮熟后食用更安全 | |

| 梨 4 | 很少会引起过敏反应，所以添加辅食初期就可以开始食用。它还具有祛痰降温、帮助排便的功用，所以在宝宝便秘或者感冒时食用一举两得 | |

| 苹果 5 | 辅食初期的最佳选项。等到宝宝适应蔬菜糊糊后就可以开始喂食。因为苹果皮下有不少营养成分，所以打皮时尽量薄一些 | |

| 西蓝花 5 | 富含维生素C，很适合喂食感冒的宝宝。等到5个月后开始喂食，不要使用它的茎部来制作辅食，只用菜花部分，磨碎后放置冰箱保存备用 | |

| 菠菜
5 | 富含维生素C和钙的黄绿色蔬菜。因为纤维素含量高不易消化，所以宜5个月后喂食。取其叶部，洗净后开水汆烫，然后使用粉碎机捣碎后使用 | |

| 菜花
5 | 能够增强抵抗力、排出肠毒素。适合容易感冒、便秘的宝宝。把它和土豆一起食用既美味又有营养。去掉茎部后选用新鲜的菜花部分，开水汆烫后捣碎使用 | |

| 西瓜
5 | 富含水分和钾，有利于排尿。既散热又解渴，是夏季制作辅食的绝佳选择。因为容易导致腹泻，所以一次不可食用太多。去皮、去籽后捣碎，然后再用麻布过滤后烫一下喂给宝宝 | |

| 鸡胸脯肉
6 | 含脂量低，味道清淡而且易消化吸收。这个部位的肉很少引起宝宝过敏。为及时补足铁，可在宝宝6个月后开始经常食用。煮熟后捣碎食用，鸡汤还可冷冻后保存继续在下次使用 | |

| 李子
5 ! | 含超过一般水果3～6倍的纤维素，特适合便秘的宝宝。因其味道较浓，可在宝宝5个月大后喂食。初食应选用熟透的、味淡的李子 | |

| 桃、杏
5 ! | 换乳伊始不少宝宝会出现便秘，此时较为适合的水果就是桃和杏。因果面有毛易过敏，所以5个月后开始喂食。有果毛过敏症的宝宝宜在1岁后喂食 | |

| 油菜
6 | 含有丰富的维生素C、钙和铁，容易消化并且美味，是常见的用于制作辅食的材料。加热时间过长会破坏维生素，所以用开水烫一下后搅碎，然后用筛子筛后使用，一般适用于6个月以上的宝宝 | |

| 白菜 6 | 富含维生素C，能预防感冒。因其纤维素较多不易消化，并且容易引起贫血，故6个月后可以喂食。添加辅食初期选用纤维素含量少、维生素聚集的叶子部位。去掉外层菜叶，选用里面菜心烫后捣碎食用 | |

| 蘑菇 6 | 除了含有蛋白质、无机盐、纤维素等营养素，还能提高免疫力。先食用安全性最高的冬菇，没有任何不良反应后再尝试其他蘑菇。开水烫一下后切成小块，再用粉碎机捣碎后食用 | |

| 胡萝卜 6 | 富含胡萝卜素和植物纤维，胡萝卜素在体内可转化成维生素A，有补肝明目的作用，对视网膜和上皮细胞的发育很有好处。植物纤维吸水性强，可以增加粪便容积，加强肠道蠕动，预防宝宝便秘。换乳初期和中期应去皮蒸熟后食用，和少许油脂一起吸收更好 | |

| 卷心菜 6 | 适用于体质较弱的宝宝以提高对疾病的抵抗力。首先去掉硬而韧的表皮，然后用开水烫一下里层的菜叶后捣碎。最后再用榨汁机或者粉碎机研碎以后放入大米糊糊里一起煮 | |

★ 常用食物的黏稠度

大米

磨碎后做成10倍米糊，相当于母乳的浓度。

鸡胸脯肉

开水煮熟切碎，再用粉碎机捣碎食用。

苹果

去皮和籽磨碎，用筛子筛完加热。

油菜

用开水烫一下磨碎或捣碎，然后用筛子筛。

胡萝卜

去皮煮热后磨碎或捣碎，然后用筛子筛。

土豆

带皮蒸熟后去皮捣碎，再用筛子筛。

宝宝营养食谱

胡萝卜甜粥

材料： 大米 2 小匙，水 120 毫升，现榨胡萝卜汁 1 大匙。

做法：

1. 把大米洗干净用水泡 1~2 小时，然后放入锅内用小火煮 40~50 分钟。

2. 快熟时加入事先过滤的胡萝卜汁，再煮 10 分钟左右即可。

3. 用温开水调成糊状，或用蔬菜汤汤汁代替温开水也可以。

油菜粥

材料： 油菜 20 克，泡好的大米 20 克，水 2/3 杯。

做法：

1. 将泡好的大米用粉末机打成末；将油菜洗净用水煮一会儿再研磨；将大米末放入锅中，加水大火煮。

2. 水沸腾后把火调小，再把油菜末一同放入锅中，煮到大米熟后熄火。

菠菜蛋黄粥

材料： 菠菜适量，鸡蛋黄 1 个，软米饭 1/2 碗。

做法：

1. 菠菜洗净，用开水烫后切成小段，放入锅中，加少量水熬煮成糊状备用。

2. 把鸡蛋黄和清水一起拌匀后用滤勺过滤。

3. 把搅拌好的蛋黄汤汁和软米饭放入锅中用大火煮。当水沸腾时把火调小，加入菠菜糊边搅边煮，直到米饭熟烂为止。

日常护理指南

★ 呵护好宝宝的情绪

5个月的宝宝已有比较复杂的情绪了，此时的宝宝，面庞就像一幅情绪的图画，高兴时他会眉开眼笑、手舞足蹈、咿呀作语，不高兴时，则会哭闹喊叫。并且此期的宝宝似乎已能明白家长严厉或亲切的声音，当家长离开他时，他还会产生惧怕、悲伤等情绪。当然，这段时期只是宝宝情绪的萌发时期，也是情绪健康发展的敏感期。

小贴士

做好宝宝的情绪护理

宝宝5个月时，父母一定要做好宝宝的情绪护理。妈妈要用温暖的怀抱、香甜的乳汁、慈祥的音容笑貌来抚慰宝宝，使宝宝产生欢快的情绪，建立起对妈妈的依赖和对周围世界的信任。这样，宝宝就易产生一种欢快的情绪，对于宝宝的心理发展及成长是很有益的。

★ **给宝宝剪指甲**

宝宝的指甲长得很快，一般4～5天就要剪一次，否则宝宝会抓伤自己的小脸。

(选用钝头指甲剪)

给宝宝剪指甲时，妈妈要选用安全实用的专业的宝宝指甲剪，在大多孕婴店都可以买到。专业的宝宝指甲剪是专门为宝宝设计的，修剪后有自然的弧度。

(选择合适的修剪时机)

给宝宝剪指甲并不是一件简单的事，因为宝宝不会乖乖听话。建议妈妈在宝宝熟睡后再进行修剪。另外，宝宝洗澡后，指甲比较柔软，这时候修剪也比较方便。给宝宝剪指甲时，妈妈一定要抓稳小手，以免误伤宝宝。

★ **清理宝宝鼻腔**

1. 将宝宝带至明亮之处，或者使用手电筒照射。

2. 妈妈将棉棒蘸一些凉开水。

3. 将蘸了水后的棉棒，轻轻地伸进鼻子内侧顺时针旋转，即可达到清洁的目的。

★ **外出**

4～5个月的宝宝喜欢家人抱着走出家门，这时家人可以每天抱宝宝到室外看看，保证宝宝2～3小时的户外活动时间。

凉可以把宝宝抱到户外，看看更多的人，更多的新鲜的东西，宝宝高兴的时候还可以试着让宝宝"练习"一下新学的走路的动作。也可以为宝宝找些同龄小伙伴，增加他们活动的积极性。

★ 适合这个阶段宝宝的玩具

5个月的宝宝动作已经很灵活了，一般喜欢摸弄东西，喜欢看明亮鲜艳的色彩，同时也会因听到一种奇特的声音而高兴。

这时期宝宝需要的玩具主要不在于造型的逼真和结构的完美，而必须可以抓摸戏耍而且无毒。其外形必须圆滑而无尖利，有鲜艳的色彩，并能发出响声。所以，对这时期的宝宝最合适的是较大型的搪塑玩具、娃娃、长毛绒玩具以及会发出音乐声的琴等，切忌选择金属玩具，以防尖刺划伤皮肤。

★ 给宝宝安全的环境

保证宝宝的居家安全	
1	千万别将宝宝单独留在车内或屋内。宝宝吃东西时，要一直待在他身边
2	宝宝在浴缸或浴盆内时不能离开他
3	宝宝在小床内时要将护栏拉起来
4	抱起宝宝时要抓住他的胸部抱，不可以从他的臂膀拉起来
5	宝宝在桌、床或沙发上时要留意他
6	千万别使用塑料袋作为更换桌、床及沙发的覆罩
7	随时留意可能会使他噎住的小东西

第一章

0~1岁 宝宝，妈妈爱你

家庭医生

★ 宝宝肺炎的护理

病症

一般来说，肺炎症状较重，宝宝常有精神萎靡，食欲缺乏，烦躁不安，呼吸增快或较浅表现。重症的肺炎患儿还可能出现呼吸困难、鼻翼扇动、三凹症（指胸骨上窝、肋间以及肋骨弓下部随吸气向下凹陷）、口唇及指甲发绀等症状。如果发现宝宝出现上述症状，要及时带宝宝去医院就诊。

处理方法

患肺炎的宝宝需要认真护理，尤其是对患病毒性肺炎的宝宝，由于目前尚无特效药物治疗，更需注意护理。宝宝患了肺炎，需要安静的环境以保证休息，避免在宝宝的居室内高声说话，要定期开窗通风，以保证空气新鲜，不能在宝宝的居室抽烟，要让宝宝侧卧，这样有利于气体交换。

宝宝的饮食应以易消化的米粥、牛奶、菜水、鸡蛋羹等为主，要让宝宝多喝水，因宝宝常伴有发热、呼吸增快的症状，因此，丢失水分比正常时要多。

★ 宝宝贫血的预防

宝宝体内储存的铁含量很少，出生后4个月后将不能满足生长发育的需要。但此时宝宝正处在生长的增长期，血容量增加很快，并且宝宝活动量增加，对营养素的需求也相对增加，尤其是铁的需要量也相对增加，所以，为了预防贫血的发生，应增加含铁丰富的辅食，以补充机体内所需的铁。

由于此时宝宝还不能吃富含铁的动物性食物，如猪肝泥、鸡肝泥，吃蛋黄又容易过敏，所以此时最佳的预防贫血的辅食就是铁强化的米粉。还可以给宝宝补充含维生素 C 较高的蔬菜泥和水果泥。这对预防宝宝贫血也很有好处。

宝宝智力加油站

★ 本月宝宝的教育"功课"

宝宝成长发育是非常快的，如果不能及时地抓住宝宝在各个年龄段应该学习与掌握的东西，就会错过这个智能开发的最佳时期。

5个月的宝宝，记忆能力已基本形成，开始有了自我意识，并模糊地开始知道自己的名字；大脑也开始学会分析所见的事物；在语言上可以发出单音；喜欢别人逗他玩。

语言学习

逗引发音： 多跟宝宝说话，逗引宝宝注视爸爸妈妈的口型，教他模仿发音。

认识自己名字： 爸爸妈妈可以叫宝宝的名字，看宝宝有没有反应。一般宝宝对声音都会有反应，但却不一定是因为懂得自己的名字，所以爸爸妈妈可以先说别的小宝宝名字，再叫宝宝，看宝宝有什么反应，并要反复训练几次。

认知学习

寻找事物： 爸爸妈妈将玩具从宝宝眼前落地，发出声音，看看宝宝是否用眼睛去寻找。此外，爸爸妈妈也可以轻摇玩具引起宝宝的注意，然后走到宝宝视线以外，用玩具的声音逗引宝宝，或者把玩具塞入被窝，看宝宝是否能找到。

认识物名： 训练宝宝听到物名后，去看物品并用手指物品。

大动作学习

抬头： 让宝宝俯卧着，训练宝宝抬头，让宝宝的胸部离开床，抬头看前方。

靠坐： 让宝宝靠在沙发或小椅上坐着玩，或者由爸爸扶着宝宝坐着。

扶站、蹦跳： 爸爸用双手扶着宝宝腋下，让宝宝站在自己的大腿上，保持直立的姿势，并用手扶着宝宝双腿跳动。

翻身： 用玩具逗引宝宝左右翻身，从仰卧位翻成俯卧位。

精细动作学习

伸手抓握： 在宝宝面前放上各种物品，让宝宝伸手抓握，然后把物体移远一点再训练他抓握。

手指灵活运动： 训练宝宝的手指灵活性，就要让他多抓住玩具敲、摇、推、捡等。

第一章

0~1岁 宝宝，妈妈爱你

★ 让宝宝玩出伶牙俐齿

有许多的爸爸妈妈，都很在意宝宝是不是"会说话"，却忽略了在宝宝学会说话前所应该发展的沟通能力。从语言的发展进程上来看，宝宝能理解、听得懂的语汇，比他实际说出的语汇至少多出 3 ~ 5 倍。因此，多让宝宝知道并了解一些事物是很有必要的。

培养宝宝的语言能力，可先提供给宝宝足够的视觉与听觉刺激，如将看到的事物和正在做的事情，不断地讲给他听，让宝宝能在脑中联结语言和日常生活中的事物，进行语言储备。

找声音

训练宝宝对声源的反应。妈妈可以常常在宝宝的两侧说话，让他学习转向声源，或是拿一些铃铛、发声玩具做辅助，让宝宝试着辨别声音是从哪里发出的。当宝宝找到正确声源时，就可以将发声玩具交给他把玩，作为奖赏。

还可以拿块布或纸盒将声源和发声玩具盖住，让宝宝去寻找声音来源。这个游戏可以帮助宝宝建立"听觉的物理恒存概念"。

沟通训练

沟通语言训练，妈妈可以半躺在床上，让宝宝面对面坐在自己的大腿上，并和蔼地与宝宝进行交谈，也可以一边抚摸一边与宝宝说话。

对于几个月大的宝宝，比起说话能力本身，非语言的沟通能力，如哭、肢体动作，或是眼神、手势等反而更为重要，这些都是语言发展能力的重要指标。因此，爸爸妈妈要先学习观察宝宝的行为，尝试了解他的意图，以免错失与宝宝沟通的机会，否则，宝宝会因为没有得到你的鼓舞而变得越来越不爱表达！

玩舌头

在宝宝的嘴唇周围涂上一些奶油或糖水，让宝宝试着将舌头伸出嘴巴外面上下左右动，可以提高舌头灵活度。

吹一吹

在宝宝还小的时候，可以多在他的脸颊上轻轻地吹气，让他感受那股气流。当宝宝大一点的时候，让他模仿你把嘴嘟起来，试着吹吹看，如果他不太会吹，可以利用一些小道具，例如小风车、羽毛或小纸片等来启发他。

玩嘴巴

当宝宝能够"抿"嘴唇时，就可以开始跟宝宝玩"亲嘴"的游戏，这不仅能促进宝宝双唇闭合的能力，也可增进宝宝与妈妈的亲密感。这些"吸"的动作可以促进脸颊肌肉的力量及双唇闭合的力量。

小贴士

小嘴巴，动一动

宝宝语言能力的发展，并不只是局限在"词汇"的发展，灵活的小嘴巴也是宝宝说话的关键。

宝宝的嘴唇、舌头、脸颊、声带、咽喉肌肉越协调，宝宝以后就越能比较"口齿清晰"地发音、说话。

培养宝宝的语言能力，可以通过一些口腔动作的小游戏，让宝宝体会发声的乐趣，提高口腔动作的灵活度，促进语言的发展。

第一章

0~1岁 宝宝，妈妈爱你

★ 让宝宝顺利度过"认生期"

随着视觉和听觉器官的发育，情感意识的逐渐明晰，宝宝跟他的主要看护者开始建立起一种熟悉的情感联系，从而产生从生理到心理的依赖感。因此，对那些没见过或极少看见的人，会感到非常陌生，会因未知而产生恐惧心理，进而开始排斥陌生人，寻求亲近人的保护。

性格活泼宝宝的安度法

联谊活动	可以经常带着宝宝去别人家做客，或者邀请亲朋好友到自己家里来，最好有与宝宝年龄相仿的小朋友，这样同龄之间的沟通障碍要小得多，渐渐让宝宝习惯于这种沟通，提升交际能力
时刻安全	遇到宝宝认生时，妈妈要马上让宝宝回到安全的环境，比如抱到自己怀里，放回到婴儿车里，不要勉强或强迫他接受陌生人的亲热，这样只会让他更加紧张，认为妈妈不要他了，所以，要及时安抚

性格内向宝宝的安度法

多接触陌生人	抱着宝宝，主动地跟陌生人打招呼、聊天，让宝宝感到这个陌生人是友好的，是不会伤害他的
慢慢接近	想要接近宝宝，最好拿着他最熟悉最喜欢的玩具，这样他会慢慢转移注意力，缓解认生的恐惧心理
户外锻炼	平时要多带宝宝到户外去，多接触陌生人和各种各样的有趣事物，开拓宝宝的视野

第6个月
宝宝会坐了

养育重点

1. 养成良好的进餐习惯。

2. 注意补充铁剂。

3. 训练宝宝翻身。

4. 时刻保护宝宝，防止宝宝玩耍坠床。

5. 宝宝出牙时会烦躁，要安抚宝宝，缓解宝宝不适。

6. 制止宝宝随意吃玩具的习惯。

7. 让宝宝自己用手抓饭菜，提高宝宝进食的兴趣。

8. 给宝宝做健身操，训练宝宝走路。

9. 给宝宝读朗朗上口的儿歌，增强宝宝的语感。

体格发育监测标准

6个月时		
	男宝宝	女宝宝
身　高	64.0～73.2厘米，平均为68.6厘米	62.4～70.1厘米，平均为66.3厘米
体　重	6.6～10.3千克，平均为8.5千克	6.2～9.5千克，平均为7.8千克
头　围	41.5～46.7厘米，平均为44.1厘米	40.4～45.6厘米，平均为43.0厘米
胸　围	39.7～48.1厘米，平均为43.9厘米	38.9～46.9厘米，平均为42.9厘米

接种疫苗备忘录

乙型肝炎：乙肝疫苗第三剂 .... 日

流行性脑膜炎：A 群流脑疫苗（6～18 个月）第一、第二剂 .... 日

宝宝智能发育记录

大动作发育	1. 如果让宝宝仰卧在床上，他可以自如地变为俯卧位，坐位时背挺得很直 2. 当扶住宝宝站立时，能直立 3. 在床上处于俯卧位时很想往前爬，但由于腹部还不能抬高，所以爬行受到一定限制
精细动作发育	1. 这个月的宝宝喜欢好奇地摆弄自己的身体，用手抓住脚，可以将玩具从一只手换到另一只手 2. 这个月的宝宝还有个特点，就是不厌其烦地重复某一动作，经常故意把手中的东西扔在地上，捡回来又扔，可反复20多次；还常把一件物体抓到身边，推开，再抓回，反复做，这是宝宝在显示他的能力
视觉发育	这个月龄的宝宝凡是他双手所能触及的物体，他都要用手去摸一摸；凡是他双眼所能见到的物体，他都要仔细地瞧一瞧，但是，这些物体到他身体的距离须在70厘米以内，由此证明宝宝对于双眼见到的任何物体，他都不肯轻易放弃主动摸索的良机
听力发育	这个月龄的宝宝对妈妈、爸爸、保姆的声音较熟悉，叫他的名字时开始有反应
语言能力发育	这个月龄的宝宝，可以和妈妈对话了，两人可以无内容地一应一和地交谈几分钟，他自己独处时，可以大声地发出简单的声音，如"ma""da""ba"等
作息时间安排	6个月的宝宝白天应小睡2~3次，夜里通常只醒1次。6个月的宝宝每日需睡14~16个小时
大小便训练	这个月开始添加米糊类的辅食，容易产生便秘。妈妈可以试着给宝宝做腹部按摩或吃胡萝卜泥，效果不错
睡眠原则	本月宝宝没有统一的睡眠时间标准，只要宝宝各方面情况良好，就没有必要为宝宝睡眠少而着急

最佳喂养方案

★ 这个时期宝宝主要需要的营养

绝大部分妈妈都认为母乳喂养到6个月就足够了，很多妈妈都因为上班或怕身材变形，在宝宝6个月左右就不再母乳喂养了，但实际上，母乳还是对宝宝最好的食品。目前国际上流行"能喂多久就喂多久"的母乳喂养方式，很多西方国家都坚持母乳喂养一直到宝宝一两岁。

★ 怎样喂养本月的宝宝

对于母乳充足的新妈妈来说，可以再坚持一个月的纯母乳喂养。如果母乳不足，或是混合喂养，则可以给宝宝吃一些母乳或配方奶以外的食品，补充宝宝所需的营养，并自然过渡到辅食，但每天仍要哺乳4～5次，不能只给宝宝喂辅食或以辅食为主，那样宝宝营养会不全面。

第一章

0~1 岁 宝宝，妈妈爱你

★ 宝宝的饮食禁忌

辅食不要添加味精

味精的主要成分是谷氨基酸，含量在85%以上，这种物质会与宝宝血液中的锌发生物理结合，生成谷氨基酸锌，不能被身体吸收，随尿液排出，锌的缺失会导致宝宝缺锌，并出现厌食、生长缓慢，所以宝宝辅食不要添加味精。

不要只给宝宝喝汤

有的家长认为汤水的营养是最丰富的，所以经常给宝宝喝汤或者是拿汤泡饭，其实这是错误的。因为不论怎么煮，汤水的营养都不如食物本身的营养丰富，因为汤里的营养只有5%～10%。

不要给宝宝喂过甜的水

如果给宝宝喝过甜的水，不仅会使宝宝的腹部饱胀，而且睡觉前要给已经萌出乳牙的宝宝定时清洁牙齿。所以不要给宝宝喂食带糖分的食物和水，以免含糖食物在口腔细菌作用下产生酸性物质，腐蚀宝宝的乳牙。

辅食不要添加白糖

很多食物本身就含有糖分，在给宝宝制作辅食时最好少用白糖，不要让宝宝养成爱吃甜食的习惯。

若过多地摄取白糖会导致肥胖，应尽可能控制食用。

不要把食物嚼烂后再喂宝宝

大人的口腔中往往存在着很多病毒和细菌，即使是刷牙，也不能把它们全清除掉。有些成年人口腔不洁，生有牙病或口腔疾病，这些致病微生物在口腔内存积更多，宝宝一旦食入被大人咀嚼过的食物，将这些致病微生物带人体内，由于宝宝免疫功能低下，则有可能引起疾病的发生，如呕吐、肝炎和结核病等，给宝宝造成严重危害。

小贴士

另外，由于食物经大人咀嚼后，使食物变成糊状，不再需要宝宝唾液腺的分泌和进一步咀嚼，这样则不利于宝宝颌骨和牙齿的发育，以及唾液腺的发育，长时间后易造成消化功能低下，影响食欲。所以让宝宝吃大人咀嚼后的食物，百害而无一利。

★ 重视宝宝的咀嚼训练

咀嚼的本质

宝宝生来就有寻觅和吸吮的本领，但咀嚼动作的完成需要舌头、口腔、面颊肌肉和牙齿彼此协调运动，必须经过对口腔、咽喉的反复刺激和不断训练才能获得。因此，习惯了吸吮的宝宝，要学会咀嚼吞咽是需要一个过程的，逐渐增加辅食是锻炼宝宝咀嚼能力的最好办法。

咀嚼训练的关键期

从宝宝4个月开始就可通过添加辅食来训练其咀嚼吞咽的动作，让宝宝学习接受吮吸之外的进食方式，为以后的换乳和进食做好准备。专家建议，从宝宝满4个月后（最晚不能超过6个月）就应添加泥糊状食物，以刺激宝宝的口腔触觉，训练宝宝咀嚼的能力，并培养宝宝对不同食物、不同味道的兴趣。

6～12个月是宝宝发展咀嚼和吞咽技巧的关键期，当宝宝有上下咬的动作时，就表示他咀嚼食物的能力已初步具备，父母要及时进行针对性的锻炼。一旦错过时机，宝宝就会失去学习的兴趣，日后再加以训练往往事倍功半，而且技巧也会不够纯熟，往往嚼两三下就吞下去或嚼后含在嘴里不愿下咽。

> **小贴士**
>
> **咀嚼食物对宝宝的影响**
>
> 咀嚼食物可以使宝宝的牙齿、舌头和嘴唇全部用上，有利于语言功能的发展。为宝宝1岁半时发声打好基础，这更要求充分利用辅食期，锻炼宝宝的咀嚼与吞咽能力。

咀嚼的过程			
时间	训练重点	辅食特点	可选辅食
4～6个月	吞咽	半流质	米糊、蛋黄泥、果泥、蔬菜泥
6～12个月	咬、嚼	黏稠、粗颗粒	肉末、水果、面包片、手指饼
12个月以上	咀嚼后的吞咽	较粗的固体	水饺、馄饨、米饭

第一章

0~1岁 宝宝，妈妈爱你

★ 外出时的辅食准备

奶类、谷类辅食的准备方法

米粉、麦粉

可以借用奶粉分装盒将米粉、麦粉、奶粉分别装好，这样外出冲泡时会较方便。用小汤匙喂食，让宝宝做吞咽练习。

米粥

带7个月以上的宝宝外出时，可以准备米粥，用大口径的保温瓶盛装，既方便盛出，又有保温效果。

面包片

宝宝7个月时可以开始用干面包片来训练咀嚼能力。外出时，先准备一些面包片，放进食物保鲜袋携带。

蔬果类辅食的准备方法

果汁或菜汁：选择富含维生素C的新鲜水果自行榨汁，如橘子、西瓜、葡萄等，也可以尝试喂食菜汤，如胡萝卜、菠菜等蔬菜的汤汁。外出时以干净且可密闭的容器盛装果汁或菜汁，再以小汤匙喂食。

果泥或菜泥：在家中做好的果泥和菜泥，同样以干净且可密闭的容器盛装，再以小汤匙喂食；也可以在外出前将水果洗净切好，再以汤匙刮下喂食。

宝宝营养食谱

配方奶米粉

材料： 婴儿配方奶粉 1 匙，婴儿米粉 1 匙，温水 30 毫升。

做法：

将婴儿配方奶粉及婴儿米粉，以 1：1 混合，即一匙婴儿配方奶粉加一匙米粉，以 30 毫升的温水调匀即可。

橘子汁

材料： 橘子 1 个，清水 50 毫升。

做法：

1. 将橘子洗净，切成两半，放入榨汁机中榨成橘汁。

2. 将清水倒入与等量橘汁中加以稀释。

3. 将橘汁倒入锅内，再用小火煮一会儿即可。

日常护理指南

★ **宝宝用品**

宝宝渐渐长大，此期间，除了继续使用以前的用品外，从 5 个月开始应该为宝宝增加的用品有宝宝学步车、小匙、小碗、围嘴等等之类的东西。这些东西的选择，同样要选择安全、无污染、天然材质的。当然价格也需要考虑，不是越贵越好，给小宝宝买东西，看重的是品质和安全，而其他一些因素都是次要的。

准备家庭小药箱	
家中常备的内服药	退热药、感冒药、助消化药等
家中常备的外服药	3%碘优液、2%甲紫（紫药水）、1%碘伏、75%乙醇、创可贴、棉棒、纱布、脱脂棉、绷带，以及止痒软膏、抗生素软膏、眼药水等

★ **宝宝流口水怎么办**

一般的宝宝从生后 4 个月开始，就可能会流口水，原因是，由于此时唾液腺的发育和功能逐步完善，口水的分泌量逐渐增多，而宝宝还不会将唾液咽到肚子里去，也不会像大人或大小孩一样必要时将口水吐掉，所以，从 4 个多月开始，宝宝就会出现流口水的现象。

由于小宝宝的皮肤虽然含水分比较多，但比较容易受外在影响，如果一直有口水流在下巴、脸部，又没有擦干以保持干燥的话，容易出湿疹。所以建议家长尽量看到宝宝流口水就擦掉，但是不要用卫生纸一直搓，只需要轻轻按干就行了，以免擦破皮。

★ 宝宝睡觉不踏实怎么办

宝宝自身的原因

宝宝缺少微量元素

如钙、锌等，缺钙易引起大脑及植物性神经兴奋性增设导致宝宝晚上睡不安稳，需要补充钙和维生素 D；如果缺锌，则要注意补锌，可在医生的指导下服用一些补锌产品。

宝宝身体不适的判断

有鼻屎堵塞宝宝的鼻孔，引起宝宝呼吸不畅快，也容易引起睡眠不安稳，所以父母要注意这方面的因素，当宝宝睡不安稳时，检查一下宝宝的鼻孔，帮宝宝清理一下，可能症状马上就会得到缓解。肛门外有蛲虫也会影响宝宝的睡眠。如果有应求助于医生积极治疗。

宝宝的睡觉姿势的原因

关于宝宝的睡姿，到了宝宝翻身能自如掌控的时候，那时他会选择最舒服、最适合自己的方式睡。但是现在宝宝的肢体协调能力还没发育良好，如果让宝宝独立翻身找到舒服的睡姿是很难的事情，所以爸爸妈妈应该帮助宝宝暂时保持仰卧的睡姿。

这个阶段的宝宝发育就是这样，他的腿部力量越来越大，活动力越来越好，经过自己的练习，肢体的协调力也越来越好了。

宝宝睡眠周边环境或人为原因

睡前应先让宝宝排尿。宝宝因为夜里想尿尿就醒，所以应该给他用尿不湿，这样不至于因为把尿影响宝宝睡觉。如果用了尿不湿的话，一定是尿不湿包得太紧。

小贴士

不要给宝宝养成醒了就要人抱的习惯

如果没有发现不适的原因，夜里常醒的原因很大一部分是习惯了，如果他每次醒来你都立刻抱他或给他喂东西的话，就会形成恶性循环。宝宝夜里醒来时不要立刻抱他，更不要逗他，应该立刻拍拍他，安抚着他，想办法让他睡去。

家庭医生

★ 哪些宝宝容易缺锌

早产的宝宝易缺锌	宝宝越早产出，其缺锌的程度就越严重，同时缺锌的症状也就越明显。这是因为，孕期的最后一个月是母体储备锌元素的黄金时期，而宝宝越早产出，其吸收的锌就越不足
好动的宝宝易缺锌	宝宝如果非常好动，那么必定会经常出汗，而出汗则可导致锌流失过多
非母乳喂养的宝宝易缺锌	据研究测定，每100毫升母乳的含锌量为11.8微克，其吸收率为42%，是其他食物无法比拟的。一般来说，非母乳喂养的宝宝易缺锌，而母乳喂养的宝宝缺锌的概率相对而言则要低许多

★ 如何给宝宝补锌

只要是宝宝出现了上面的一些状况，那么基本可以断定宝宝缺锌。但是，家长应带宝宝到医院做相关化验，让医生给出相应地指导，合理地给宝宝补锌。如果带宝宝到医院化验后，其结果是宝宝缺锌，那么家长可首先通过食补的方式为宝宝补锌。相对而言，通过食补为宝宝补锌是一种极为安全的方法。

鱼类、蛋黄、瘦肉、牡蛎等食物中含锌较为丰富。其中锌的含量最高的是牡蛎。相对而言，植物性食物中锌的含量较低，100克中锌含量大概为1毫克。在植物性食物中锌含量稍高一些的食物主要有萝卜、大白菜、豆类、花生、小米等。

宝宝如果缺锌十分严重，不仅要进行食补，而且极有必要进行药补。但通过药补为宝宝补锌时，必须要谨遵医嘱。在服药一段时间后，若宝宝并没有好转，家长就应带宝宝再到医院做进一步的检查，以确定宝宝的病因。

小贴士

缺锌会导致哪些症状

通常，只要宝宝缺锌就会有以下几种状况出现：食欲不佳，不爱吃东西，常常挑食等；与同龄的宝宝相比，缺锌的宝宝的体重与身高均增长缓慢；头发长得稀疏，且长得很慢；容易患口腔溃疡和呼吸道感染等疾病。

★ 宝宝缺钙的外在表现

多汗	宝宝经常会出现睡着以后枕部出汗的情况。即使气温不高，也会出汗，并伴有夜间啼哭、惊叫。哭后出汗更明显，还可看到部分儿童枕后头发稀少。虽然是小毛病，但应引起重视，这是宝宝缺钙警报。机体缺钙时可以引起系列神经精神症状，首先应该考虑是体内缺钙引起的精神状况，要及早补钙
厌食偏食	现在儿童厌食偏食发病率平均高达40％以上，且多发于正处于生长发育旺盛期的宝宝。钙控制着各种营养素穿透细胞膜的能力，因此也控制着吸收营养素的能力。人体消化液中含有大量钙，如果钙元素没得到及时的补充，容易导致食欲缺乏、智力低下、免疫功能下降等
宝宝湿疹	宝宝湿疹多发于头顶、颜面、耳后，严重的可遍及全身。宝宝患病时，哭闹不安，患病部位出现红斑、丘疹，然后变成水疱、糜烂、结痂，同时在哭闹时枕后及背部多流汗。专家认为，钙参与神经递质的兴奋和释放，调节自主神经功能，有镇静、抗过敏作用，在皮肤病治疗中，起到非特异性脱敏作用
出牙不齐	牙齿是人体高度钙化、硬度很高，能够抵抗咀嚼的磨损、咬硬脆食物的器官。如果缺钙，牙床内质没达到足够的坚硬程度，会对以后的生活带来很大的麻烦。儿童在牙齿发育过程缺钙，牙齿排列参差不齐或上下牙不对缝，咬合不正、牙齿松动，容易崩折，过早脱落。牙齿受损就不能再修复了

★ 宝宝如何补钙

宝宝此时正是发育最旺盛的时候，骨骼和肌肉发育需要大量的钙，2岁以下尤其是1岁以内的宝宝，身体很容易发生缺钙。一般来说，0～6个月的宝宝，每天需要钙元素300毫克，7～10个月，每天400毫克，1～3岁，每天600毫克。正常足月儿应在出生后2周开始补充维生素D。每天400国际单位，早产儿、双胎儿出生后即可开始补充维生素D 800国际单位／天，3个月后减量为400国际单位／天。

补充维生素D和钙剂应持续到2～2.5岁，多晒太阳是婴幼儿预防佝偻病的重要途径。

宝宝智力加油站

★ 训练宝宝"坐"及模仿动作训练

6个月的宝宝，运动能力已以有了很大的发展。在大运动上，已经能够熟练地翻身，并且能稳稳当当地坐上一会儿；在精细动作上，手的抓握能力已经相当强，不但可以牢牢地抓住东西，而且还会自己伸手去拿。因此，在宝宝半岁时，一定要加强动作方面的锻炼，使宝宝的动作智能发育得更完善。

需要注意的是，如果不遵循婴儿动作发育的规律，脱离宝宝自身的发育状况，盲目训练，这样的话不但没有好的效果，反而会给宝宝的发育带来不利。因此，爸爸妈妈在训练自己宝宝的运动能力时一定要适可而止。

宝宝的翻身能力及训练

6个月的宝宝在仰卧时，前臂可以伸直，手可以撑起，胸及上腹可以离开床面，开始会自己从俯卧位翻成仰卧位。如果父母在一边用玩具逗引，宝宝能动作熟练地从仰卧位自行翻滚到俯卧位。

让宝宝练习翻身，可以锻炼他的背、腹部、四肢肌肉的力量。训练时宜先从仰卧翻到侧卧开始，爸爸妈妈可以用玩具在宝宝身体上方的一侧慢慢移向另一侧，引诱宝宝并帮助他完成翻身动作。然后再锻炼宝宝从侧卧翻到俯卧，最后从俯卧翻成仰卧。当宝宝学会了翻身，就为他自己探索世界迈出了第一步。

宝宝坐立能力与训练

宝宝在这月时，用双手向前撑住后，能自己坐立片刻。其实，宝宝从卧位发展到坐位是动作发育的一大进步。这样，宝宝的视野大大地扩大了，就能更好地接受外界的信息，这对他的智力发展相当有利。虽然这时候宝宝还不能够站立，但两腿能支撑大部分的体重。

6个月的宝宝，好像突然对翻身失去了兴趣，平躺的时候，老是翘起头来，拽着爸爸妈妈的手就想要坐起来。这是宝宝要学坐的信号，爸爸妈妈要为宝宝创造这个锻炼的机会，通过一些游戏，帮助宝宝学习坐立起来。

坐坐站站

妈妈双手扶住宝宝的腰部或腋下，扶成站姿，让宝宝的两腿成 45 度分开，然后双手扶腰，将宝宝身体向下推按至坐姿，然后顺势仰卧下去，片刻之后再扶坐、站立，反复进行 3～6 次。

这个训练使宝宝由躺变为站，由站又坐了下来，姿势的变化中，会让宝宝非常开心，非常有成就感，身体也会随之硬朗起来。但是，在训练时，要留心手法，注意保护宝宝的胳膊和腰部。

练坐练子

宝宝仰卧，可以让他的两手一起握住妈妈的拇指，而妈妈则要紧握宝宝的手腕，另一只手扶宝宝头部坐起，再让他躺下，恢复原位。

若宝宝头能挺直不后倒，可渐渐放松扶头的力量，每日练数次，锻炼宝宝腹部肌肉，增加手掌的握力及臂力。

独坐练习

在宝宝会靠坐的基础上，可以让宝贝进行独坐练习。爸爸妈妈可以先给宝宝一定的支撑，以后逐渐撤去支撑，使其坐姿日趋平稳，逐步锻炼颈、背、腰的肌肉力量，为独坐自如打下基础。

宝宝练坐三不宜	
不可单独坐	不可以让宝宝单独坐在床上，以防有外力或宝宝动作过大而摔下床。可以将宝宝坐的空间用护栏围起来，以保证安全
不要跪成"W"型	练坐时不要让宝宝两腿成"W"状或两腿压在屁股下坐立，这样容易影响宝宝腿部的发育，最好是采用双腿交叉向前盘坐
不宜坐太久	刚开始学坐时间不宜太久，因为这时宝宝的脊椎骨尚未发育完全，时间过长容易导致脊椎侧弯，影响生长发育。宝宝开始练坐时，最好能在他的背后放个大垫子，帮助他保持身体的平衡

宝宝平衡感训练小游戏

平衡感训练，与锻炼宝宝眼球的追视能力、专注力、阅读力、音感能力、触觉和语言能力都有关，所以锻炼宝宝的平衡感也是极其重要的。

学爬行小游戏

适合月龄：6 ~ 10 个月的宝宝

游戏过程：可以将宝宝放在俯卧位，爸爸或妈妈可先将手放在宝宝的脚底，利用宝宝腹部着床和原地打转的动作，帮助他向前爬行。

游戏目的：这个游戏能锻炼宝宝的平衡感，提升宝宝爬行能力，还能扩大宝宝视野。

★ 培养宝宝语言与感触能力

6 个月的宝宝，正处于语言能力发展的第二个阶段，也是连续发音的阶段，这个时候宝宝语言能力的特点是多重复。

这时的宝宝，当你在背后呼喊他的名字时，宝宝会主动转头寻找呼喊的人；在他不愉快时会发出喊叫，但不是哭声，当宝宝哭的时候，会发出"妈"全音；能听懂"再见、爸爸、妈妈"等，还能用声音表示拒绝，高兴时还会发出尖叫。

宝宝语言能力培养方案

宝宝成长到这个月时，会发"dada、mama"音节，无所指；还能发出"mama"等双唇音，无意识；此外，还会模仿咳嗽声、舌头咔嗒声或咂舌音。

增强对话次数

通过和妈妈等周围亲人的接触和对话，可以培养宝宝的语言能力。这个时期的宝宝，常常会主动与他人搭话，这时无论是妈妈还是家里其他亲人，都应当尽量创造条件和宝宝交流或"对话"，为宝宝创造良好的发展语言能力的条件。随着语言能力的发展，也提高了宝宝的交往能力。

听音乐和儿歌

爸爸妈妈要定时给宝宝播放一些儿童乐曲，提供一个优美、温柔和宁静的音乐环境，提高宝宝对音乐的理解能力。

通过训练宝宝听觉，可以培养宝宝的注意力和愉快情绪，也有利于宝宝语言能力的发展。

积极练习发音

爸爸妈妈可以继续训练宝宝发音，如叫"爸爸、妈妈、拿、打、娃娃"等，家长要多与宝宝说话，多逗引他发音，还要引导宝宝用动作来回答问题，如"再见，欢迎"等，这样可以积极地训练宝宝发音，促进宝宝的语言能力的发展。

宝宝语言发展训练小游戏

6个月的宝宝，是宝宝语言能力发展的第二个阶段，也是语言能力着重培养的阶段，爸爸妈妈千万不可错这个好机会。

敲小鼓，鼓励宝宝发音

适合月龄：6～10个月的宝宝

游戏过程：爸爸妈妈在宝宝的背后轻轻地敲小鼓，让宝宝把头转向你，这时再敲鼓，并将鼓递向宝宝，微笑地说："你真乖，你玩玩吧"。

游戏目的：逗引宝宝高兴地发出声音，并能用手去拿小鼓。

★ 宝宝情感表达与生活行为

6个月的宝宝，在情感与行为能力上已以有了很大的进展。当他需要妈妈抱时，不仅会发出声音，而且能有伸开双臂的姿势。当妈妈给他洗脸或擦鼻涕时，如果他不愿意，就会将妈妈的手推开。

这时期的宝宝非常惧怕生人，当被陌生人抱起来或与生人眼神接触时，眼睛会盯着妈妈、甚至哇哇哭起来，这是宝宝与妈妈建立相依恋感情及自己情感表达的体现。

宝宝的早期情商发展

这个月是宝宝个性发展的分水岭。如果说前5个月是宝宝先天个性的形成期，那么从这以后则是宝宝个性形成的后天培养期，也是良好性格的关键形成时期。因此，打造一个性格健全的宝宝千万不要错过这个时期。

宝宝的个性形成关键期

从这个月时起，宝宝开始有了自己独立的意识。他开始有点意识到自己与妈妈是不同的个体，知道自己对周围的人和物会产生影响，甚至知道了自己的名字。于是，随着记忆力和对周围意识的发展，宝宝的个性也在不断地发展。他开始了解什么是可以做的，什么是不能做的。但是，爸爸妈妈还不能从此就期望他是个"完美"宝宝，因为尝试与学习打破你原来预期的"边界"，正是小家伙学习与探索的方式之一。

在进行训练时，妈妈要注意宝宝的反应。反应积极时，玩的时间可以长一些；反应不积极甚至表现出厌烦时，应该停止。

宝宝的个性培养方案

爸爸妈妈一定要做好对宝宝情商的培养与照顾，一定要付出足够的耐心与爱心。

那些天生好交往、胆子大的宝宝，能很快地度过分离焦虑期；而那些天生谨慎、胆小的宝宝，则会在相当长的一段时间内，都会像妈妈身上的"小年糕"似的，希望妈妈寸步不离自己。对此，爸爸妈妈一定要多鼓励宝宝，想办法让宝宝活泼一些，性格开朗起来。

宝宝的行为表现与训练

6个月的宝宝表达自己的想法会有多种方式，当妈妈给他洗脸或擦鼻涕时，如果他不愿意，会将妈妈的手推开。如果你将手帕放在宝宝脸上，他会伸手将布拉开，并且会冲你呀呀地叫，表示不高兴的样子。

有心理学家发现，这个月龄的宝宝还会有骗人的行为。这个时期的宝宝知道，假哭与装笑能够引起爸爸妈妈的注意。

伸手取玩具

当宝宝趴着的时候，在他面前摆几样玩具，让宝宝试着伸手去拿。宝宝自行伸手选取，正是自我意识的表现。而且当一手取玩具时，另一手就得支撑着身体，这个动作还能训练爬行提早进行。

训练生活习惯与自理能力

宝宝6个月了，越来越大了，爸爸妈妈要逐步培养宝宝的生活自理能力。

训练扶奶瓶及自喂食品

当宝宝趴着的时候，在他面前摆几样玩具，让宝宝试着伸手去拿。宝宝自行伸手选取，正是自我意识的表现。而且当一手取玩具时，另一手就得支撑着身体，这个动作还能训练爬行提早进行。

培养规律睡眠

6个月的宝宝，逐步显示出最初的独立性，要抓住时机首先培养定时睡眠。一般，宝宝一昼夜需睡15～16小时，白天要睡3次，每次1.5～2小时，夜间睡10小时左右。最好是晚间9～10时入睡，夜间基本不起，清晨7时左右醒来，逐步形成了规律，对宝宝和对大人都有好处。

★ 宝宝启蒙教育与记忆力培养

6个月时，宝宝不但在语言、动作上有了很大的发展，在智能上也有了很大的变化，因此，爸爸妈妈要做好宝宝智力开发的启蒙教育。

本月宝宝的教育学习事项

行为上的专心

对宝宝学习活动的时间要有意识、有计划地逐渐延长，切忌学一会马上去玩一会，玩一会儿又学一点，然后又去玩。这样会使宝宝分心，不能专注地做好一件事。

扩大人际交往

爸爸妈妈要积极地用丰富的语调、口气与宝宝交流，逗宝宝欢笑。除了爸爸妈妈之外，还要让宝宝接触其他亲人和陌生人，这样培养出来的宝宝性格就会开朗阳光、包容坦荡。

自信心的培养

经常在宝宝的周围多放些不同的玩具，让他自己选择。在发现他最喜欢的玩具后，故意放在离宝宝远一点的地方，逗引他自己爬动伸手去抓取。长此以往，宝宝的自信心会一天天地建立起来。

本月宝宝的色彩启蒙计划

宝宝对颜色的认识不是一下子就能完成的，必须经过耐心的启蒙和培养，这种启蒙教育应该从宝宝期开始，特别是6个月的宝宝。

这个月龄的宝宝，对语言已有了初步的理解能力，能够坐起来，手能够抓握，一些色彩游戏可以有效地进行。

多彩的卧室

爸爸妈妈可以在宝宝的居室里贴上一些色彩协调的图片，经常给宝宝的小床换一些颜色清爽的床单和被套。并且，在宝宝的视线内还可以摆放一些色彩鲜艳的彩球、玩具等，充分利用色彩对宝宝进行视觉刺激。

多彩大自然

爸爸妈妈可以多带宝宝到大自然中去，看看蔚蓝的天，漂浮的白云，公园里五颜六色的鲜花等等。让宝宝接触绚丽多彩的颜色。

本月宝宝的教育启蒙小游戏

这个月宝宝的教育启蒙，主要以开发智力与生活能力为主，爸爸妈妈可以根据以下方法来对宝宝进行教育。

拉扯玩具

适合月龄：6～11个月的宝宝

游戏过程： 爸爸或妈妈拿来1根小绳子，在绳子前边绑上1个可爱的毛绒小玩具，妈妈先在宝宝面前拉扯小玩具，待到宝宝感兴趣后，引导宝宝来拉扯这个玩具。

游戏目的： 通过妈妈在宝宝面前演示游戏过程，来吸引宝宝对新事物的好奇心以及尝试新事物的能力。

拇指点点打招呼

适合月龄：6～11个月的宝宝

游戏过程： 妈妈在自己的拇指画上开心脸谱，用它来打招呼，并要宝宝点头回应。除了利用拇指打招呼外，妈妈和宝宝也可以用另一只手做"你好""再见""谢谢"等手势。

游戏目的： 这个游戏虽然简单但对宝宝的智能开发很有用，还可以让宝宝学会基本的礼貌。

增强宝宝记忆力的小游戏

6个月是开发宝宝记忆能力的最佳时期。作为爸爸妈妈，你也许会说提高宝宝的记忆力该怎么做呢？下面几个游戏会对你非常有帮助。

寻找小宝贝

适合月龄：6～11个月的宝宝

游戏过程： 妈妈要先当着宝宝的面把玩具藏在背后，并且问宝宝"玩具哪里去了"，让宝宝自己寻找。当宝宝意识到玩具的去向并且找到正确位置之后，妈妈可以逐渐增加游戏的难度，再让宝宝寻找。妈妈还可以变换藏起来的玩具，毛绒玩具、小糖果都可以。这个游戏一定要边玩边说，用手势和动作来辅助语意，这样宝宝玩起来会更容易一些！

游戏目的： 通过妈妈的问话和宝宝听以及理解的游戏过程，可以发展宝宝的语言能力，同时还可以在宝宝看到玩具被藏的地方，然后去找的游戏过程中发展宝宝的记忆能力。

★ **适合 6 个月宝宝的儿歌与玩具**

儿歌开启宝宝智力天赋，是有科学根据的。所以给你的宝宝营造一个良好的环境，对宝宝身心发育是非常有益的。

适合 6 个月宝宝的儿歌

看到布娃娃玩具时，可以边玩边说："布娃娃，我爱它，抱着娃娃笑哈哈。"

在玩照镜子时，也可边看边配上儿歌，如"小小镜子，亮闪闪呀，宝宝照镜，笑呀眯眯笑！"

看到室内桌上摆的鱼缸时，也可看边配上儿歌，如"小金鱼，真美丽，游来游去在水里！"

对着镜子看到自己的耳朵时，可边指着镜子看耳朵，边说："小耳朵，灵又灵，各种声音分得清。"

本月宝宝怎样玩玩具

6 个月的宝宝视听感觉已比较灵敏，这时除了给宝宝一些哗铃棒、小摇铃等带柄的玩具抓握外，还可提供一些音乐娱乐的玩具。

一般宝宝看到形象生动有趣、能响能动的玩具如小熊打鼓、小鸡吃米、跳娃娃时会手舞足蹈，听到音乐以及电子琴等发出的美妙音乐时，也会随着音乐节奏摆动手脚。

七彩大卡片

宝宝对色彩也是比较敏感的，他们大都喜欢颜色鲜艳的物品，而大卡片就是宝宝最早、最容易接触的物品，如水果等用鲜艳的色彩画在卡片上，放在宝宝周围，有助于视觉的发育。

抱抱毛绒玩具

这个年龄段的宝宝开始对毛绒玩具有了一种依恋感。选择毛绒玩具的标准是：柔软、拥抱时很舒服。要注意玩具的做工，最好选择那种没有"纽扣眼睛""珍珠鼻子"的玩具，避免窒息危险。

第7个月
更黏妈妈了

养育重点

1. 不要把危险的东西放在宝宝能够得到的地方。

2. 训练宝宝学坐便盆。

3. 帮助宝宝逐渐建立起语言与动作的联系。

4. 鼓励宝宝的模仿行为。

5. 用玩具逗引宝宝翻滚，锻炼宝宝的综合感觉，促进大脑和前庭系统的发育。

6. 预防宝宝贫血。

7. 帮助宝宝适应陌生的人和陌生的环境。

体格发育监测标准

7个月时		
	男宝宝	女宝宝
身 高	65.5～75.0厘米，平均为70.3厘米	63.6～73.2厘米，平均为68.4厘米
体 重	6.9～10.7千克，平均为8.6千克	6.4～10.1千克，平均为8.2千克
头 围	42.4～47.6厘米，平均为45.0厘米	42.2～46.3厘米，平均为44.2厘米
胸 围	40.7～49.1厘米，平均为44.9厘米	39.7～47.7厘米，平均为43.7厘米

接种疫苗备忘录

乙型肝炎：乙肝疫苗第三剂 .... 日

流行性脑膜炎：A 群流脑疫苗（6～18 个月）

第一、第二剂 .... 日

宝宝智能发育记录

大动作发育	1. 这个月龄的宝宝会翻身，如果扶着他，能够站得很直，并且喜欢在扶立时跳跃 2. 7个月的宝宝已经开始会坐，但还坐不太好，由于刚刚学会坐姿，腰部力量还不够大，因此不要长时间坐着
精细动作发育	这个月龄的宝宝抓东西时目的更加明确，可用双手同时抓两个物体
视觉发育	1. 远距离知觉开始发展，能注意远处活动的东西，如天上的飞机、小鸟等。这时的视觉和听觉有了一定的细察能力和倾听的性质，这是观察力的最初形态 2. 周围环境中新鲜的和鲜艳明亮的活动物体都能引起宝宝的注意。拿到东西后会翻来覆去地看看、摸摸、摇摇，表现出积极的感知倾向，这是观察的萌芽
听力发育	宝宝到了7个月，听力比以前更加灵敏了，可以连续发出简单的声音，能区别简单的音调
语言能力发育	1. 宝宝对于声音虽然有反应，但是他还不明白话语的意思 2. 这个月龄的宝宝认知能力不断加强，可以训练让他建立词语和实物的联系
作息时间安排	这个月龄的宝宝一天中增加了吃辅食的时间，活动量就应增加一些
大小便训练	添加辅食之后，千万别突然停掉，这样会严重影响宝宝的大便质量和身体健康
睡眠原则	从本月起，宝宝的睡眠时间会有明显变化，白天的睡眠减少了，玩的时间延长了，晚上睡觉时间也向后推迟。一般每日睡眠时间为14~15个小时

最佳喂养方案

★ 这个时期宝宝主要需要的营养

7个月宝宝的主要营养来源还是母乳或是配方奶，同时添加辅食。宝宝长到7个月，不仅对母乳或配方奶以外的其他食物有了自然的需求，而且对食物口味的要求与以往也有所不同，开始对咸的食物感兴趣。

这个时期的宝宝仍需母乳喂养，因此，妈妈必须注意多吃含铁丰富的食物。对有腹泻的宝宝，及时控制腹泻也极为重要。

★ 怎样喂养本月的宝宝

宝宝到了这个阶段，可以给宝宝喂烂粥或烂面条这样的辅食，不要拘泥于一定的量，要满足宝宝自己的食量。但从营养价值来讲，米粥是不如配方奶的，而且过多吃米粥还会使宝宝脂肪堆积，对宝宝是不利的。

为了使宝宝健康成长，还要加一些鸡蛋、鱼、肉等。对于从上个月就开始实行换乳的宝宝，这个月的食量也开始增大，一般都可以吃鱼肉或者动物肝脏了。若宝宝的体重平均10天增加100～120克，就说明换乳进行得比较顺利。

★ 宝宝偏食怎么办

一般宝宝会在这个月出现偏食现象，对于他爱吃的食物，会大口大口地吃，对于他不爱吃的食物，会用舌头顶出来，对食物的好恶感很明显。

一些妈妈很担心，宝宝这么小就偏食，长大了可怎么办？于是，妈妈就想方设法哄宝宝吃下他不喜欢吃的食物，最后弄得宝宝哇哇大哭。其实，妈妈不用过于担心，这种宝宝期的偏食和我们平时所说的偏食不一样，这时期出现的这种偏食只是宝宝一种天真的反应，而且很多宝宝在这个月都会出现这种偏食现象，不过，情况很快会有好转，同一种食物，今天他不喜欢吃，过几天就会喜欢吃了。

为了避免宝宝偏食，妈妈可变换花样做同一种食材。如果宝宝不喜欢吃单独的肉泥，妈妈可以把肉泥放在粥里；宝宝不喜欢吃青菜泥，妈妈可以把碎菜放在鸡蛋里，蒸来喂宝宝吃。

★ 影响宝宝智力的食物

以下食物宝宝如果吃多了，会影响大脑的发育。

含过氧脂质的食物

过氧脂质对人体有害，如果长期从饮食中摄入过氧化脂并在体内积聚，可使人体内某些代谢酶系统遭受损伤，促大脑早衰或痴呆，如熏鱼、烤鸭、烧鹅等。

过咸食物

人体对食盐的生理需要极低，大人每天摄入6克以下，儿童每天摄入3克以下，习惯吃过咸食物的人，不仅会引起高血压、动脉硬化等症，还会导致智力迟钝、记忆力下降，甚至过早老化。

★ 提高宝宝免疫力的食物

铁、锌很重要

控制免疫力的白细胞是血液中中重要的成分，因而对增加血液是至关重要的。要保证摄入充足的铁、锌等无机盐。

富含铁的食物：猪肝泥、鸡肝泥、蛋黄、瘦肉泥。

富含锌的食物：猪肝泥、鸡肝泥、鱼、瘦肉泥（牡蛎虽然含锌量高，但婴儿食用容易过敏，须等1～2岁后才可食用）。

蛋白质的补充

作为组成细胞基础的蛋白质也是不可少的。特别是鱼类（鱼类食物可能产生过敏反应，应从换乳后期开始添加）等优质蛋白质源，含有 DHA 和 EPA 等不饱和脂肪，可以使血液通畅，使白细胞由细胞顺利到达全身。

富含蛋白质的食物：鸡蛋、鱼类、猪肉、牛肉、虾等。

维生素 A 和维生素 C

白细胞是以团队形式进行工作的，巨噬细胞和淋巴球等通过放出化学物质使巨噬细胞提高工效。摄取维生素 A 和维生素 C 可以增加巨噬细胞的放出量。维生素 C 除攻击侵入体内的细菌，还有缓解紧张的功效。

富含维生素 C 的食物：南瓜、香蕉、草莓等含量丰富。

富含维生素 A 的食物：胡萝卜等黄绿色蔬菜和奶酪中含量丰富。

★ 添加中期辅食的信号

什么时候开始添加中期辅食

一般说来在进行初期的辅食后一两个月才开始进行中期辅食，因为此时的宝宝基本已经适应了除配方奶、母乳以外的食物。所以初期辅食开始于4个月的宝宝，一般在6个月后期或者7个月初期开始进行中期辅食添加较好。

但那些易过敏或者一直母乳喂养的宝宝，还有那些一直到6个月才开始换乳的宝宝，应该进行1～2个月的初期辅食后，再在7个月后期或者8个月以后进行中期辅食喂养为好。

能较为熟练地吸收食物时

当把切成3毫米大小的块状食物或者豆腐硬度的食物放进宝宝嘴里的时候，留意他们的反应。如果宝宝不吐出来，会使用舌头和上牙龈磨碎着吃，那就代表可以添加中期辅食了。如果宝宝不适应这种食物，那先继续喂更碎的食物，过几日再喂切成3毫米大小的块状食物。

开始长牙，味觉也快速发展时

此时正是宝宝长牙的时期，同时也是味觉开始快速发育的时候，应该考虑给宝宝喂食一些能够用舌头碾碎的柔软的固体食物。

食物种类可以更多，用来配合咀嚼功能和肠胃功能的发育，同时促进味觉发育。注意不要将大块的蔬菜、鱼肉喂给宝宝，应将其碾碎后喂给宝宝。

对食物非常感兴趣时开始添加

宝宝一旦习惯了辅食之后，就会表现出对辅食的浓厚兴趣，吃完平时的量后还会想要再吃，吃完后还会抵抵嘴，看到小匙就会下意识地流口水，这些都表明该给宝宝进行中期辅食添加了。

小贴士

尽量给宝宝扩大辅食的范围

由于宝宝已经开始长牙，所以能吃很多东西。妈妈在这一阶段应该发挥的作用，是让辅食的种类在宝宝的胃肠内能够接受的范围越多越好，扎扎实实地逐渐使辅食成为宝宝的主食。

★ 中期辅食添加

中期辅食添加的原则

6～9个月的宝宝，已经开始逐渐长出牙齿，初步具有一些咀嚼能力，消化酶也有所增加，所以能够吃的辅食越来越多，身体每天所需要的营养素有一半来自辅食。

食物应由泥状变成稠糊状

辅食要逐渐从泥状变成稠糊状，即喂到宝宝嘴里后，需稍含一下才能吞咽下去，如蛋羹、碎豆腐等，逐渐再给宝宝添加碎青菜、肉松等，让宝宝学习怎样吞咽食物。

7～8个月开始添加肉类

宝宝到了7个月，可以开始添加肉类。适宜先喂容易消化吸收的鸡肉、鱼肉。随着宝宝胃肠消化能力的增强，逐渐添加猪肉、牛肉、动物肝等辅食。

让宝宝尝试各种各样的辅食

通过让宝宝尝试多种不同的辅食，可以使宝宝体味到各种食物的味道，但一天之内添加的两次辅食不宜相同，每顿饭都应包括3种食物，如谷类、蛋白质类和蔬菜类。

给宝宝提供能练习吞咽的食物

这一时期正是宝宝长牙的时候，可以提供一些需要用牙咬的食物，如苹果切成粗条让宝宝去咬，训练宝宝咬的动作，促进长牙，而不仅是让他吃下去。

开始喂宝宝面食

面食中可能含有可以导致宝宝过敏的物质，通常在6个月前不予添加。但在宝宝6个月后可以开始添加，一般在这时不易发生过敏反应。

食物要清淡

食物仍然需要保持原汁原味，不可加糖、盐及其他调味品。

进食量因人而异

每次吃的量要据宝宝的情况而定，不要总与别的宝宝相比，以免发生消化不良。

保持营养素平衡

在每天添加的辅食中，蔬菜是不可缺少的食物。可以开始少尝试吃一些生的食物，如番茄及水果等。

每天添加的辅食，不一定能保证当天所需的营养素，可以在一周内对营养进行平衡，使整体达到身体的营养需要量。

中期辅食添加的方法

每天应该喂两次辅食，辅食最好是稠糊状的食物。6～9个月主要训练宝宝能将食物放在嘴里后会动上下腭，并用舌头顶住上腭将食物吞咽下去。

添加过程	用量
蛋羹	可由半个蛋羹过渡到整个蛋羹
添加肉末的稠粥	每天喂稠粥两次，每次一小碗（6～8汤匙）。一开始可以在粥里加上2～3汤匙菜泥，逐渐增至3～5汤匙，粥里可以加上少许肉末、鱼肉、肉松、豆腐末等
馒头片或饼干	开始让宝宝随意啃馒头片（1/2片）或饼干，训练咀嚼及吞咽动作，刺激牙龈以促进牙齿的发育。母乳（或其他乳品）每天喂2～3次，吃辅食之前应该先喂母乳或配方奶，母乳吸尽了再喂辅食，中间最好隔开一点儿时间，以免添加的半固体辅食影响母乳中的铁吸收
菜泥、菜末	宝宝开始添加辅食后，就要注意同时添加菜泥、菜末，对于超重或肥胖的宝宝，每餐蔬菜的量要适当增加，至少要和主食一样多

★ **中期辅食食材**

7 7个月后开始喂　　**8** 8个月后开始喂　　**9** 9个月后开始喂

! 注意过敏反应　　**?** 有过敏的宝宝可以吃的月数

粗米 **7**	具有大米4倍以上的维生素B1和维生素E的营养成分，但缺点是不易消化，故在7个月后开始少量喂食。先用水泡上2～3小时后用粉碎机磨碎后使用

干枣
7

富含维生素A和维生素C。将干枣洗净用水煮20分钟，去皮去核后，加水搅拌成枣泥，既可补血健脾，枣泥中丰富的膳食纤维又可以润肠预防便秘。新鲜的大枣容易引起腹泻，所以要在宝宝1岁后再喂食

鸡蛋
7 ! 13

蛋黄可以在宝宝6～7个月后喂食，但蛋白还是最好在1岁后喂食为佳。易过敏的宝宝也要在1岁后再喂食蛋黄。每周喂食3个左右。为了去除蛋黄的腥味，可以和洋葱一起配餐食用

玉米
7 !

富含维生素E，对于易过敏的宝宝，等到1岁以后喂食则较稳妥。去皮磨碎后再行食用。食用时，先用开水烫一下会更为安全

鳕鱼
7

最常见的用于辅食制作的海鲜类，富含蛋白质和钙，极少的脂含量，味道也清淡。食用时用开水烫一下后蒸熟去骨捣碎后喂食

黄花鱼
7

富含易消化吸收的蛋白质，是较好的换乳食材。若是腌制过的可在1岁后喂食。为防营养缺失宜蒸熟后去骨捣碎食用

刀鱼
7

避免食用有调料的刀鱼，以免增加宝宝肾的负担。喂食宝宝的时候注意那些鱼刺。使用泡米水去其腥味，然后配餐。蒸熟或者煮熟后去刺捣碎食用

哈密瓜
9

鲜嫩的果肉吃起来味道香甜可口。9个月大的宝宝就可以生吃了。挑选时应选纹理浓密鲜明的，下面部位摁下去柔软，根部干燥的

豆腐
8 !

辅食里常见的材料，具有高蛋白、低脂肪、味道鲜的特点。8个月以后的宝宝可以开始试着食用，先从较嫩的南豆腐开始吃起，可放在粥里、蛋羹中一起炖熟易过敏的宝宝要在满1岁后再喂食

第一章

0~1岁 宝宝，
妈妈爱你

| 洋葱 **7** | 因其味道较浓，宜在中期后食用。熟了的洋葱带有甜味，所以可在辅食中使用。富含蛋白质和钙。使用时切碎后放水泡去其辣味 | |

| 黄豆芽 **9** **!** | 富含维生素C、蛋白质和无机盐。但需留意其头部可能引起过敏应去掉。可喂食9个月大的宝宝。去掉较韧的茎部后氽烫使用。因其不易熟透，要捣碎后喂食 | |

| 大豆 **7** **!** | 富含蛋白质和糖类，有助于提高免疫力。易过敏的宝宝应在1岁后喂食。不能直接浸泡食用，应在水中浸泡半天后去皮磨碎再用于制作辅食的配餐 | |

| 牡蛎 **9** **!** | 各种营养成分如钙、维生素、蛋白质等含量都高，对于补锌非常有效。煮熟后肉质鲜嫩。冲洗时用盐水，然后用筛子筛后滤水放入粥内煮。由于贝壳类海鲜易引起过敏，1岁后食用更为安全 | |

| 松子 **9** **!** | 对大脑发育有益的富含脂肪和蛋白质的高热量食品。丰富的软磷脂对身体不适的宝宝很有帮助。可以磨成粉状拌在粥中食用。易过敏的宝宝要在1岁以后食用 | |

| 绿豆 **9** | 具备降温、润滑皮肤等作用，对有过敏性皮肤症状的宝宝特别有益。先用凉水浸泡一夜后去皮，或煮熟后用筛子更易去皮。若买的是去皮绿豆可直接磨碎后放粥里食用 | |

★ **中期辅食中粥的煮法**

大米饭煮粥

20 克米饭，60 毫升水（比例调控为 1：3）。

1. 将米饭捣碎后放入锅内倒水。

2. 先用大火煮至水开后小火再煮，过程中用匙慢慢搅拌碎米饭粒。

泡米煮粥

20 克泡米，100 毫升水（比例调控为 1：5）。

1. 把泡米用榨汁机磨碎，或者使用粉碎机用 5 倍水里的水一起磨碎。

2. 把磨碎的米和剩下的水放入锅内。

3. 先用大火边煮边用匙搅拌，等水开后用小火煮熟。

教妈妈学做辅食

豆苗碎肉粥

材料：豆苗 20 克（捣烂），肉末 10 克，已泡好的大米 20 克。

做法：

1. 将大米洗净，研磨成末，加入 250 毫升水，煲成粥（约需 30 分钟）。

2. 把肉末煮烂后，放入研磨器中研成糊状，加入粥内混匀。

3. 然后将豆苗煮烂研成泥状，放入粥内调匀即可喂食。

鸡蛋豆腐糊

材料：嫩豆腐 50 克，鸡蛋 1 个，盐、香油少许，水 1/3 杯。

做法：

1. 将鸡蛋磕入碗中打成糊状，豆腐放入研磨器中砑成泥状。

2. 将两者混合均匀后，再放入少许香油，加 1/3 杯水搅拌均匀，放入蒸锅中蒸 10 分钟即可喂食。

日常护理指南

★ 选鞋

7个月的宝宝，由于生长发育的需要，穿鞋可以促进宝宝多爬、多走，对运动能力和智能发展都很有好处，所以，在这时父母一定给宝宝选双合适的鞋子。

当宝宝开始学爬、扶站、练习行走时，也就是需要用脚支撑身体重量时，给宝宝穿一双合适的鞋就显得非常重要。为了使脚正常发育，使足部关节受压均匀，保护足弓，要给宝宝穿硬底布鞋，挑选时要注意以下几方面：根据宝宝的脚型选鞋，即鞋的大小、肥瘦及足背高低等；鞋面应以柔软、透气性好的鞋面为好；鞋底应有一定硬度，不宜太软，最好鞋的前1/3可弯曲，后2/3稍硬不易弯折；鞋跟比足弓部应略高，以适应自然的姿势；鞋底要宽大，并分左右；宝宝骨骼软，发育不成熟，鞋帮要稍高一些，后部紧贴脚，使踝部不左右摆动为宜；宝宝的脚发育较快，平均每月增长1毫米，买鞋时尺寸应稍大些。

第一章

0~1岁 宝宝，妈妈爱你

★ 生活环境

宝宝的房间一定要选朝阳的，但此时期的宝宝视网膜没有发育完善，因此，要使用床幔来阻挡阳光，避免宝宝眼睛受到强光的刺激。房间灯光一定要实现全面照明度，强调有光无源，一般可采取整体与局部两种方式共同实现。房间里不能有一盏光线特别强的灯，可用光槽加磨砂吸顶灯，也可用几盏壁灯共同照明。

房间最好紧临父母的卧室，在格局上，让父母的卧室和宝宝房成为套房关系，相连的墙用柜子或帘子隔开，方便随时照看。

面积不宜过大，因为宝宝对空间的尺度感很小，房间面积不宜超过20平方米，但最好不要低于10平方米。

★ 要高度注意宝宝的安全

有很多家长看到宝宝只会爬行，就认为宝宝不会发生什么危险，所以，当宝宝在地上玩时，家长就极有可能粗心大意——将宝宝放在地上，自己去做其他的事情。可以说，这是宝宝发生危险的最主要原因。

为了宝宝的安全，家长不能让宝宝离开自己的视线。最好将家中一切潜藏的危险都清除掉。

1	必须将地上的东西清理干净，以免宝宝捡起放到嘴里
2	厨房的门一定要关好，以防止宝宝弄倒垃圾筒而误食了脏东西
3	要将家里的暖水瓶放在宝宝碰不到的地方，以防止宝宝被烫伤
4	筷子、笔等杆状的东西一定不要让宝宝拿到，以防止发生危险

家庭医生

	预防宝宝长痱子
1	保持通风凉爽，避免过热，遇到气温过高的日子，可适当使用空调降温
2	宝宝如果玩得大汗淋漓，应及时给宝宝擦干汗水，保持皮肤清洁干燥
3	宝宝睡觉宜穿轻薄透气的睡衣，但也不要脱得光光的，以免皮肤直接受到刺激
4	外出时，要使用遮阳帽、婴幼儿专用防晒霜
5	在洗澡水中加入花露水等预防痱子

★ 痱子的居家护理

每天用温水给宝宝洗澡，以保持皮肤清洁，水温不宜过热或过冷。痱子已经形成后，就不要再给宝宝使用痱子粉了，否则会阻塞毛孔，加重病症。注意为宝宝选择婴幼儿专用的洗护用品，不要使用成人用品。

宝宝身体一旦出现大面积痱毒或脓痱，应及时到医院治疗。可让宝宝吃一些清凉解暑的食物，如绿豆汤、绿豆百合粥、西瓜汁等。

第一章

0~1岁 宝宝，妈妈爱你

★ 便秘的预防与护理

宝宝便秘的表现

排便的次数少，有的宝宝 3～4 天才排 1 次大便，并且粪便坚硬，排便困难，排便时疼痛或不适，引起宝宝哭闹。

形成便秘的原因

用牛奶喂养的宝宝容易出现便秘，这是由于牛乳中的酪蛋白含量多，可使大便干燥。另外，宝宝由于食物摄入的不正确，造成食物中含纤维素少，引起消化后残渣少，粪便减少，不能对肠道形成足够的排便刺激，也可形成便秘；还有的宝宝没有养成定时排便的习惯，也可以发生便秘。

避免便秘的方法

1. 帮助宝宝形成定时排便的习惯。

2. 用白萝卜片煮水给宝宝喝，理气、消食、通便。

3. 给宝宝喂新鲜果汁水、蔬菜水和苹果泥、香蕉泥等维生素含量高的辅食。

4. 辅食中增加富含膳食纤维和纤维素的食品以增加粪便体积，软化大便，如蒸红薯、白萝卜泥、胡萝卜泥等。

5. 每天 2 次，以肚脐为中心顺时针按摩 5 分钟，促进肠道蠕动。

★ 如何预防宝宝晒伤

1. 不要让宝宝在强光下直晒，在树荫下或阴凉处活动，同样可使身体吸收到紫外线，而且还不会损害皮肤。每次接受阳光照射 1 小时左右为宜。

2. 外出时要给宝宝戴宽沿、浅色遮阳帽及遮阳眼镜，撑上遮阳伞，穿上透气性良好的长袖薄衫和长裤。

3. 选择婴幼儿专用防晒品，在外出前 30 分钟把防晒品涂抹在暴晒的皮肤部位，每隔两小时左右补擦一次。

4. 防晒用品要在干爽的皮肤上使用，如果在湿润或出汗的皮肤上使用，防晒用品很快便会脱落或失效。

5. 尽量避免在上午 10 时至下午 3 时外出，因为这段时间的紫外线最强，对皮肤的伤害也最大。

晒伤的居家护理	
1	将医用棉蘸冷水在宝宝晒伤脱皮部位敷10分钟，以减轻灼热感，这样做能安抚皮肤，又能迅速补充表皮流失的水分
2	涂抹芦荟纯植物凝胶，修复晒伤后的皮肤
3	让宝宝处于通风的房间里，或洗一个温水澡，这些方法都能让宝宝感觉舒服。洗澡时，不要使用碱性肥皂，以免刺激伤处
4	如果宝宝出现明显发热、恶心、头晕等全身症状应及时就诊，在医生的指导下，口服抗组织胺药物或镇静剂，重症者则需给予补液和其他处理

★ 预防被蚊虫叮咬

1. 注意室内清洁卫生，开窗通风时不要忘记用纱窗做屏障，防止各种蚊虫飞入室内。

2. 宝宝睡觉时，可选择透气性较好的蚊帐，或使用婴幼儿专用电蚊香、驱蚊贴等防蚊用品。

3. 外出时尽量让宝宝穿长袖衣裤；还可以在外出前涂抹适量驱蚊驱虫用品，或佩戴目前热卖的驱蚊手环。

4. 用八角、茴香泡水给宝宝洗澡，洗后身上淡淡的香味就如同上了一道无形的防护罩，蚊子会不敢近身。

叮咬后的居家护理	
1	勤给宝宝洗手，剪短指甲，以免宝宝抓破蚊咬处引起皮肤感染
2	如果被蜜蜂蜇了，要先用冷毛巾敷在受伤处；如果被虫子身上的细刺蜇得面积比较大，应先用胶带把细刺粘出来，再涂上金银花露消毒
3	用盐水涂抹或冲泡痒处，这样能使肿块软化；还可切一小片芦荟叶，洗干净后掰开，在红肿处涂擦几下，就能消肿止痒
4	症状较重或由继发感染的宝宝，必须去医院诊治，一般医生会使用内服抗生素消炎，同时使用处方医用软膏等

宝宝智力加油站

★ **耐心地训练宝宝学爬行**

在之前 5～6 个月时，宝宝就会为爬行做准备了，他会趴在床上，以腹部为中心，向左右挪动身体打转转，渐渐地他会匍匐爬行，但腹部仍贴着床面，四肢不规则地划动，往往不是向前爬而是向后退。到了 7～8 个月时，宝宝就会爬了。在真正会爬时，宝宝是用手和膝盖爬行，头颈抬起，胸腹部离开床面。

爬对宝宝来说是一项非常有益的动作，既能锻炼宝宝全身肌肉的力量和协调能力，又能增强小脑的平衡感，对宝宝日后学习语言和阅读有良好的影响。因此爸爸妈妈一定要帮助宝宝完成爬行动作。

宝宝学爬行的 3 个阶段

刚开始宝宝学爬有 3 个阶段：有的宝宝学爬时向后倒着爬；有的宝宝则原地打转，只爬不前进；还有的是在学爬时匍匐向前，不知道用四肢撑起身体；这都是宝宝爬的一个过程。因此，在这个时期爸爸妈妈一定要配合并耐心教宝宝练习爬行。

宝宝爬行训练方法

在教宝宝学爬时，爸爸妈妈可以一个拉着宝宝的双手，另一个推起宝宝的双脚，拉左手的时候推右脚，拉右手的时候推左脚，让宝宝的四肢被动协调起来。这样教导一段时间，等宝宝的四肢协调得非常好以后，他就可以立起来手和膝爬了。

在爬行的练习中，让宝宝的腹部着地也可以训练他的触觉。因为触觉不好的宝宝会出现怕生、黏人的症状。一旦宝宝能将腹部离开床面靠手和膝来爬行时，就可以在他前方放一只滚动的皮球，让他朝着皮球慢慢地爬去，逐渐他会爬得很快。

★ 科学训练宝宝用手活动

这时宝宝手部动作的能力越来越强，有时爸爸妈妈在喂饭时，他会伸手抓匙子；不想吃时，还会将匙子推开；喜欢把手浸在饭碗里，然后将手放入口中，有趣的"吃"，往往这时候爸爸妈妈总是很急着说："哎，太脏了，不要把手放到嘴里！"但是，爸爸妈妈阻止宝宝这样做是不科学的。因为宝宝的运动发育过程，遵循头尾规律，即从头开始，然后发展至脚，感知觉的发育也是如此。宝宝发展到一定阶段，就会出现一定的动作。

其实，宝宝能用手把东西往嘴里放，这代表他的进步，这意味着他已经为日后自食打下良好基础，与此同时，也锻炼了手的灵活性和手眼的协调性。这时，爸爸妈妈应鼓励宝宝这样做，并要采取积极措施，例如把宝宝的手洗干净，让他抓些饼干、水果片类的"指捏食品"，这样不仅可以训练示指的能力，还能摩擦牙床，以缓解长牙时牙床的刺痛。

双手交替玩玩具

爸爸妈妈可以将有柄带响的玩具让宝宝握住，然后，自己手把手摇动玩具，宝宝自己也学会摇动玩具；接下来，再给宝宝两个玩具，让宝宝一手一个玩具，或是摇动或是撞击敲打出声；在给宝宝一手拿一个玩具后，再在宝宝身旁放两件玩具，让宝宝两手交换几个玩具，并教他自己取玩具。

要注意这个月龄的宝宝喜欢用拇指、示指捏小物品，还喜欢将小物品放进嘴里或耳洞里。因此，爸爸妈妈应多陪伴在宝宝身旁，做指捏练习，避免他吞食小物品或将小物品塞入身体的孔、穴中。

	训练宝宝手部灵活能力时的注意事项
1	爸爸妈妈对宝宝的玩具，要经常洗刷，保持干净，以免因不卫生而引起肠道疾病
2	为宝宝买软、硬度不同的玩具，让宝宝通过抓握和捏各种玩具，体会不同质地物品的手感，让他的探索活动顺利发展
3	不要给宝宝买危险的玩具，如上漆的积木、有尖锐角或锐利边的玩具汽车等，都不要给宝宝玩
4	宝宝玩具不应过小，直径应大于2厘米

★ 帮宝宝走出怕生的心理

宝宝长到7个月大时，"怕生"的现象比以前更多了，面对不熟悉的人会感到不安和恐惧，害怕陌生人靠近他或抱他，总是紧紧地抱着爸爸妈妈不放。

对宝宝的"怕生"行为，有些爸爸妈妈会觉得奇怪，宝宝以前见到陌生人，还会朝陌生人笑，喜欢看着陌生人，怎么到了这半岁多的时候反而会怕生呢，是不是退步了？其实不是的，"怕生"是宝宝心理发展过程中出现的一种正常现象，说明宝宝已能敏锐地辨认出熟人和陌生人。宝宝怕生，爸爸妈妈就要多注意、多鼓励、多调教，让宝宝渐渐走出怕生的心理。

对客人怕生

如果家里来了宝宝不熟悉的客人，不要立刻让客人抚摸或抱宝宝，不然会造成宝宝心理上的压力和不安全感，妈妈应把宝宝抱在怀里，先让大人们交谈，让宝宝有一段时间的观察和熟悉，渐渐地他的恐惧心理消退后，宝宝就会高兴地和客人交往。如果宝宝出现了又哭又闹的行为，就要立即抱他离远一些，过一会儿再让宝宝接近客人。

对环境怕生

宝宝除了怕生人，还会出现对新环境的惧怕，这时候爸爸妈妈也要注意，不要让宝宝独自一人处在新环境里，要陪伴他直到他熟悉以后再离开，让他对新环境有一个适应和习惯的过程。

过分依恋爸爸妈妈

伴随着怕生的行为，宝宝还会出现对爸爸妈妈的过分依恋。这时期爸爸妈妈要尽量陪伴宝宝，不要长期离开自己的宝宝，在对爸爸妈妈依恋的基础上，宝宝会渐渐建立起对环境的信任感，发展起更复杂的社会性情感、性格和能力，巩固早期建立的亲子关系。

宝宝怕生的程度和持续时间的长短与教养方式有关，如果平时爸爸妈妈能经常带宝宝出去接触外界，多和陌生人交往，经常给他摆弄新奇的玩具，那么怕生的程度就会轻一些，持续的时间也会短些。

★ 宝宝认知能力的训练

宝宝在7个月时，认知能力会有很大的飞跃，爸爸妈妈不可错过开发的时机。7个月的宝宝，其认知能力有一个明显的特点：眼不见，心还在想。如果你手中拿着一个很有趣的玩具，宝宝就会兴奋地想伸出手去抓，但这时如果有什么东西挡住了宝宝的视线，那么玩具虽然在宝宝的视野在消失了，可宝宝却会突然试着拍打挡住他视线的东西，并用力要挪开它或压低它，而要努力想拿到这个看不见的玩具。

从这个动作我们可以看出，宝宝已经"眼不见，心却在想"，他会表现出想去寻找见到过又被隐藏起来的物体，因为他已经意识到"看不见的东西"依然存在。

宝宝认知训练小游戏

制作纸球

适合月龄：7～11个月的宝宝

游戏过程： 这个游戏比揉纸团游戏更难，因为要用力抛或踢揉好的纸团。用纸分别揉出足球、棒球、乒乓球大小的纸团，然后当做球来打。

游戏目的： 有助于宝宝小肌肉的发育，而且能促进眼、手、听觉的协调。

装电筒

适合月龄：7～11个月的宝宝

游戏过程： 妈妈可以拿起手电筒，在宝宝面前折开零件，取出电池，然后将各部位安装好。接着再打开开关，用手电照亮各处，再关上。宝宝往往喜欢发亮的东西，会伸手去摸，学习按开关。

游戏目的： 这个训练，不但能培养宝宝的认知能力，还能培养观察能力。

★ **宝宝语言能力训练**

当宝宝在半岁左右时，他就会发现利用自己的舌头、牙齿可以制造出各种奇怪的"音响效果"，并且还对玩这个"新玩具"乐此不疲。

宝宝视、听觉发展与训练

7个月的宝宝，视觉发育的范围会越来越广，听觉发育也越来越灵敏，这时爸爸妈妈务必要做好对宝宝视、听能力的培养与训练。

宝宝的视、听觉与语言是同时发展的。宝宝从听大人的语音到学会分辨，再发出与听到的声音相似的语音，同时以听觉、视觉来认识外界所发生的各种现象，再把现象和语音联系起来，才得以学会使用语言。因此，培养宝宝的视、听觉能力还需要从多沟通、多交流开始。

听音乐和儿歌

在上一个月训练的基础上，爸爸妈妈可以继续播放一些儿童乐曲，以提高宝宝对音乐歌曲的语言理解能力。通过训练听觉，培养注意力和愉快情绪，也有利于语言的发展。

扩大视觉范围

随着宝宝坐、爬动作的发展，行动大大开阔了他的视野，他能灵活地转动上半身，上下左右地环视，注视环境中一切感兴趣的事物。

★ 培养有规律的睡眠与饮食习惯

睡眠习惯训练

7个月以后的宝宝，白天约睡3次，每次睡1～2小时不等。通常早上醒来玩两小时后就会感到疲倦而入睡；午餐后玩一小会儿，又将入睡；醒后玩两小时左右，在傍晚前又睡一觉。爸爸妈妈要从小培养宝宝按时睡觉的习惯与规律饮食的习惯，不要总是抱着宝宝连拍带摇、又走又唱地哄着睡，这样虽然也能入睡，但却养成了不良的睡眠习惯，这样哄着睡常常容易惊醒，睡得不踏实。

夜间如果宝宝不醒，尽量不要惊动他。如果醒了，尿布湿了可更换尿布，宝宝若需要吮奶、喝水可喂喂他，但尽量不要逗弄他，让他尽快接着转入睡眠。同时，要注意宝宝睡觉的姿势，要经常让宝宝更换头位，以防止宝宝把头睡偏。

饮食习惯训练

培养宝宝的饮食习惯，爸爸妈妈可以每日将喂养次数减为6次，间隔4个小时左右，中午这顿奶可以完全被辅食替代，夜间可以视宝宝需要情况进行哺喂，一般1次即可，如果宝宝夜间不醒或不愿进食，可不哺喂。还要开始逐渐训练宝宝用匙吞咽食物，为以后断奶时用匙进食做准备。

第一章

0~1岁 宝宝，妈妈爱你

训练宝宝喝水

对宝宝来说，从出生起无论是母乳喂养还是人工喂养，都应该额外喂一点白开水。当训练宝宝自己喝水时，不妨从训练他学会自己用奶瓶作为第一步。等宝宝熟练了用奶瓶喝水后，接下来就可以训练他用吸管以及杯子喝水了。

训练宝宝用奶瓶喝水

在让宝宝学用奶瓶喝水时，先是妈妈手持奶瓶，并让宝宝试着用手扶着，再逐渐放手。如果担心太重的话，可以用小的奶瓶或只装少量的水，开始的几次，妈妈一定要在旁边守护着宝宝，万一宝宝手无力让奶瓶掉落，妈妈应及时扶住。因为是奶嘴，所以不太会呛着。

训练宝宝用杯子喝水

在教宝宝用杯子喝水时，要先给宝宝准备那种带吸嘴且有两个手柄的练习杯，这样不但易于抓握，还能满足宝宝半吸半喝的饮水方式。在宝宝练习用杯子喝水时，爸爸妈妈要用赞许的语言给予鼓励，比如："宝宝真棒！"这样能增强宝宝的自信心。

第8个月
开始爬行了

养育重点

1. 让宝宝尽情地爬行、玩耍。

2. 让宝宝养成良好的进餐习惯。

3. 多和宝宝交谈，有意识地教宝宝发音。

4. 尽早让宝宝使用杯子喝水。

5. 宝宝的辅食不要加过多的盐。

6. 训练宝宝坐便盆。

7. 预防宝宝感冒。

8. 防止宝宝吮吸手指。

9. 培养宝宝的独立意识，如自己吃饭、自己玩玩具。

体格发育监测标准

8个月时		
	男宝宝	女宝宝
身　高	66.5～76.5厘米，平均为71.5厘米	65.4～74.6厘米，平均为70.0厘米
体　重	7.1～11.0千克，平均为9.1千克	6.7～10.4千克，平均为8.5千克
头　围	42.5～47.7厘米，平均为45.1厘米	42.3～46.7厘米，平均为44.1厘米
胸　围	41.0～49.4厘米，平均为45.2厘米	40.1～48.1厘米，平均为44.1厘米

接种疫苗备忘录

麻疹：麻疹疫苗第一剂 .... 日

乙脑灭活疫苗：第一、第二剂 .... 日

流行性乙型脑炎：乙脑减毒活疫苗第一剂 .... 日

宝宝智能发育记录

大动作发育	1. 开始时需要用手撑扶着坐立，在将满8个月的时候，背部扩展挺直，可以独自坐立并抓着玩具玩耍了，能够独自由坐立的姿势变换成趴着的姿势 2. 这个月龄的宝宝不会匍行的也有很多，每个宝宝发育的时间都不同
精细动作发育	1. 这个月龄的宝宝手指的活动能力进一步增强，会把纸揉成一团，会捏取体积小的物体 2. 这时宝宝的手如果攥住什么，则不会轻易放手，妈妈抱着他时，他就攥住妈妈的头发、衣带
视觉发育	这个月龄的宝宝除睡觉以外，最常出现的行为就是一会儿探望这个物体，一会儿又探望那个物体，简直就像永远探望不尽似的
听力发育	1. 这个月龄的宝宝对于话语以及语气非常感兴趣，由于宝宝现在日渐变得通达人情，所以，你会觉得他越来越招人喜欢 2. 当宝宝首次了解话语的时候，他在这段时间内的行为会顺从。慢慢地，你叫他的名字他就会有所反应；你要他给你一个飞吻，他会遵照你的要求表演一次飞吻；你叫他不要做某件事情，或把东西拿回去，他都会照你的吩咐去办
语言能力发育	这个月龄的宝宝能听懂妈妈的简单语言，他能够把语言与物品联系起来，妈妈可以教他认识更多的事物
作息时间安排	这个月龄的宝宝对周围的环境非常感兴趣，每天和人交流的时间增多。要培养宝宝有规律的生活，父母首先要建立生活的规律
大小便训练	宝宝对大小便还没有形成概念，随时会排便，家人要注意定时把便，不要着急，也不要责怪宝宝
睡眠原则	宝宝睡眠时间和踏实程度有了更明显的个体差异。大部分宝宝在这个月里，白天只睡2次，每次1~2个小时。每日睡眠时间为14~15个小时

最佳喂养方案

★ 这个时期宝宝主要需要的营养

宝宝到了8个月，妈妈的母乳量开始减少，且质量开始下降，所以，必须给宝宝增加辅食，以满足其生长发育的需要。母乳喂养的宝宝在每天喂3次母乳或750毫升配方奶的同时，还要上下午各添加一顿辅食。

小贴士

让宝宝体会不同食物的味道

需要注意的是，此时期的宝宝与饮食相关的个性已经表现出来，所以，煮粥时不要大杂烩，应一样一样地制作，让宝宝体会不同食物的味道。同时也要补充菜泥、碎米、浓缩鱼肝油等营养丰富的食物。另外，肝泥、肉泥、核桃仁粥、芝麻粥、牛肉汤、鸡汤等食物营养也很丰富。如果宝宝已经长牙，可喂食面包片、饼干等。

★ 怎样喂养本月的宝宝

宝宝对食物的喜好在这一时期就可以体现出来，所以，妈妈可以根据宝宝的喜好来安排食谱。比如，喜欢吃粥的宝宝和不喜欢吃粥的宝宝在吃粥的量上就会产生差别，所以，要根据个体差异制作辅食。不论代辅食如何变化，都要保证膳食的结构和比例要均衡。本月宝宝每日的母乳或配方奶摄入量在750毫升左右。

★ 宝宝长牙需哪些营养素

多补充磷和钙

这个阶段是宝宝长牙的时期，无机盐钙、磷此时显得尤为重要，有了这些营养素，小乳牙才会长大，并且坚硬度好。多食用虾仁、海带、紫菜、蛋黄粉、奶制品等食物可使宝宝大量补充无机盐钙。而多给宝宝食用肉、鱼、奶、豆类、谷类以及蔬菜等食物就可以很好地补充无机盐磷。

补充适量的氟

适量的氟可以增加乳牙的坚硬度，使乳牙不受腐蚀，不易发生龋齿。

海鱼中含有大量的氟元素，可以给宝宝适量补充。

补充适量的蛋白质

如果要想使宝宝牙齿整齐、牙周健康，就要给宝宝补充适量的蛋白质。蛋白质是细胞的主要组成成分，如果蛋白质摄入不足，会造成牙齿排列不齐、牙齿萌出时间延迟及牙周组织病变等现象，而且容易导致龋齿的发生。所以，适当地补充蛋白质就显得尤为重要。

各种动物性食物、奶制品中所含的蛋白质属优质蛋白质。植物性食物中以豆类所含的蛋白质量较多。这些食物中所含的蛋白质对牙齿的形成、发育、钙化、萌出起着重要的作用。

维生素也是好帮手	
维生素A	能维持全身上皮细胞的完整性，缺少维生素A就会使上皮细胞过度角化，导致宝宝出牙延迟
维生素C	缺乏维生素C可造成牙齿发育不良、牙骨萎缩、牙龈容易水肿出血，可以通过给宝宝食用新鲜的水果，如橘子、柚子、猕猴桃、新鲜大枣等能补充牙釉质的形成需要的维生素C
维生素D	维生素D可以增加肠道内钙、磷的吸收，一旦缺乏就会出牙延迟，牙齿小且牙距间隙大。可以通过给宝宝食用鱼肝油制剂或直接给宝宝晒太阳来获得维生素D

教妈妈学做辅食

玉米片奶粥

材料：无糖玉米片 4 大匙，配方奶 3 大匙。

做法：

1. 将配方奶倒入锅中加热至温热。

2. 无糖玉米片放入小塑料袋中捏成小碎片，再倒入大碗中。

3. 倒入温热的调好的配方奶拌匀，即可喂食。

豌豆土豆泥

材料：土豆、熟鸡蛋黄各 1/2 个，豌豆 20 克，配方奶适量。

做法：

1. 将熟鸡蛋黄放入碗中，磨成泥状。

2. 将土豆煮熟后去皮研成泥状，放入滤网中过滤。

3. 豌豆洗净煮熟后把外皮去掉，趁热研磨成泥。

4. 向土豆泥中加入蛋黄和配方奶混合，搅拌均匀，放火上稍微加热即可喂食。

日常护理指南

★ 不要让宝宝的活动量过大

通常，喜欢动的宝宝只要是醒着，就基本上不会闲着，而且在不闲着的情况下仿佛也不知道累。只要宝宝不哭，家长往往会忽视其他的问题。此外，有些家长为了使宝宝尽快会走路，常常长时间地扶着宝宝让其练习走路，还认定这对宝宝的成长有好处。

但是实际上，宝宝的活动量过大不仅无法达到既定的目的，反而还会为宝宝的成长带来不利影响。因为本阶段的宝宝关节软骨还太软，活动量过大极有可能致使关节韧带受伤，进而导致宝宝患上创伤性关节炎。

★ 让宝宝拥有良好的情绪

在日常生活中，不论是对妈妈而言，还是对宝宝而言，有一个良好的情绪是至关重要。妈妈拥有良好的情绪，会对宝宝更加爱护，给予宝宝更多的爱；而宝宝拥有良好的情绪，则会更加热情地探索对自己而言完全未知的世界，并从这一过程中收获乐趣，收获信心，从而形成一个良好的发展方向。更为关键的是，宝宝拥有良好的情绪，过得开心快乐，家长也会跟着开心快乐。无疑，这样的家庭氛围对宝宝的成长是绝对有利的。

★ 为宝宝创造安全自由的空间

在本阶段，随着宝宝的成长，好奇心也在逐步提升，活动的能力也在逐步增强，同时宝宝的独立意识也逐步提升。对家长的关心或帮助，此阶段的宝宝有时会表现出抵触情绪。也就是说，宝宝自此开始已经不再完全依赖家长了，而有些宝宝甚至喜欢一个人爬上爬下，如爬椅子、沙发等。

可以说，这种表现一方面让家长很欢喜，而一方面又让家长很担忧。喜的是宝宝已经能够自由独立地活动了，忧的是在活动的过程中存在着很多的安全隐患，威胁着宝宝的安全。

在这种情况下，一个自由而又相对安全的空间对宝宝和家长来说是非常重要的。这就要求家长在放手给宝宝自由的时候，要为宝宝创建一个安全的活动空间。如此，宝宝才能玩得快乐，家长才能放心。

★ 宝宝玩具的清洗

玩具购买后应先清洁再给宝宝玩。平时清洁消毒的频率以每周一次为宜。不同材质的玩具清洗方法不一样。

各种玩具的清洗方法	
塑胶玩具	用干净的毛刷蘸取宝宝专用的奶瓶清洁液刷洗塑胶玩具，后用大量清水冲洗干净。带电池的塑胶玩具，可把食用小苏打溶解在水里，用软布蘸着擦拭，然后用湿布擦后晾干
布质玩具	没有电池的玩具可直接浸泡清洗，有电池盒的玩具需要拆出电池或者只刷洗表面，然后放在阳光下晒干
毛绒玩具	用婴幼儿专用的洗衣液来清洗即可，具有抗菌防螨功能的洗衣液更好。充分漂清后在向阳通风处悬挂晾干。不可水洗的玩具可送至洗衣店干洗
木制玩具	可用稀释的酒精或酒精棉片擦拭，再用干布擦拭一遍

★ 夏天宝宝出汗多怎么办

每天给宝宝洗澡、洗头

勤给宝宝洗澡和洗头，常温天气每天洗1～2次，高温天气每天洗2～3次或更多，洗好后在宝宝的皮肤上扑上宝宝爽身粉吸汗，以使汗腺管不被堵住而让汗液通畅排出。

注意室内环境的通风和降温

室内温度保持在25℃～28℃，并经常开窗通风。可以使用空调、电扇等设备，但一定要避免宝宝直接对着冷气，同时还要注意给宝宝套上小肚兜。

多吃新鲜瓜果

宝宝添加辅食后，夏天的食物宜清淡，适当多吃丝瓜、冬瓜、苦瓜、西瓜等新鲜蔬菜和瓜果，及时补充水分。

清热消暑食疗更好

可以选择一些适合宝宝的食疗方法，如冬瓜汤、绿豆粥、金银花茶等，制作起来简便，给宝宝食用可以消暑，还能补充因出汗而流失的水分，一举多得。

寻找凉爽的地方避暑

对于有条件的家庭，尤其是全职妈妈，可以考虑带宝宝去天气凉爽的城市避暑。这样既可以开阔宝宝的眼界，也不必再为天热出汗所困扰了。

给宝宝穿柔软、吸汗的衣服

宝宝衣着宜柔软宽松，避免给宝宝穿尼龙纤的衣物。妈妈还要及时将宝宝身上的汗水擦干，保持宝宝全身的干爽和清洁。

★ 急性肠炎的预防和护理

患急性肠炎的宝宝通常会出现腹泻，每天排便 10 次左右，大便为黄色或黄绿色，含有没消化食物残渣，有时呈"蛋花汤样"。

1	不必禁食，只要宝宝有食欲就可鼓励其进食，但尽量选择易消化且有营养的食物，如米汤、藕粉，或稀粥、面汤等
2	鼓励宝宝多喝水，防止出现脱水现象；一旦病情严重，并伴有脱水现象，应及时带宝宝去医院就诊
3	注意患病宝宝的腹部保暖，因为腹泻使宝宝的肠蠕动本已增快，腹部受凉则会加速肠蠕动，导致腹泻加重
4	患病宝宝的用品及玩具要及时洗净并进行消毒处理，以免反复感染

★ 不要给宝宝掏耳朵

有的家长常常拿掏耳勺或小棉签给宝宝掏耳朵，其实这样做有很多害处，而且也是很危险的。人的外耳道皮肤具有耵聍腺，它可以分泌一种淡黄色、黏稠的物质，称为耵聍，俗称"耳屎"或"耳蝉"，具有保护外耳道皮肤和黏附外来物质的作用。

经常给宝宝掏耳朵还容易使外耳道皮肤角质层肿胀、阻塞毛囊，促使细菌滋生。外耳道皮肤被破坏，长期慢性充血，反而容易刺激耵聍腺分泌，"耳屎"会越来越多。

小贴士

给宝宝掏耳朵须谨慎

鼓膜是一层非常薄的膜，厚度仅约 0.1 毫米，比纸张厚不了多少。如果掏耳朵时宝宝乱动，稍不注意掏耳勺就会伤及鼓膜或听小骨，造成鼓膜穿孔，影响宝宝的听力。

★ 观察宝宝说话是否"大舌头"

虽然在此阶段大部分宝宝说话都不是很清楚，但是，家长也必须注意，有些宝宝说话不清并非属于大部分宝宝的范畴，而是由于舌系带太短所致。如果属于这种情况，家长就要带宝宝到医院做相关检查，并进行治疗。

舌尖下的那一条极薄的、纵横的黏膜即是舌系带。若舌系带太短，舌头的伸展必定会受到限制，宝宝伸舌头时舌头前端是"M"型而不是正常的尖圆形状，舌尖往上翘时也比较困难，发音和吐字就会不清楚。所以，家长要留心听宝宝说话，以免宝宝是"大舌头"而错过最佳治疗时期。

宝宝智力加油站

★ 爬出一个健康的宝宝

宝宝成长到8个月时，每天都应该做爬行锻炼。爬行对宝宝来说，并不是轻而易举的事情，对于有些不爱活动宝宝，更要努力训练。

先练用手和膝盖爬行

为了拿到玩具，宝宝很可能会使出全身的劲向前匍匐地爬。开始时可能并不一定前进，反而后退了。这时，爸爸妈妈要及时地用双手顶住宝宝的双腿，使宝宝得到支持力而往前爬行，这样慢慢宝宝就学会了用手和膝盖往前爬。

再练用手和脚爬行

等宝宝学会了用手和膝盖爬行后，可以让宝宝趴在床上，用双手抱住腰，把小屁股抬高，使得两个小膝盖离开床面，小腿蹬直，两条小胳膊支撑着，轻轻用力把宝宝的身体向前后晃动几十秒，然后放下来。每天练习3～4次为宜，会大大提高宝宝手臂和腿的支撑力。

当支撑力增强后，妈妈用双手抱宝宝腰时稍用些力，促使宝宝往前爬。一段时间后，可根据情况试着松开手，用玩具逗引宝宝往前爬，并同时用"快爬！快爬！"的语言鼓励宝宝，逐渐宝宝就完全会爬了。

练习独立爬行	
爬行小路	爸爸妈妈将不同质地的东西散放在地板上，让宝宝爬过去。如把一小块地毯、泡沫地垫、麻质的擦脚垫、毛巾等东西排列起来，形成一条有趣的小路。这样，就诱导宝宝沿着"小路"去爬，体会不同质地的物质。但是这些东西用过后爸爸妈妈要将其放起来收好，过些天可以将它们以不同的顺序排列成另一条小路，让宝宝继续学爬
自由爬	妈妈要先整理一块宽敞干净的场地，拿开一切危险物，四处放一些玩具，任宝宝在地上抓玩。但要注意的是，必须让宝宝在妈妈的视线内活动，以免发生意外
定向爬	宝宝趴着，妈妈把球等玩具放在宝宝面前适当的地方，吸引他爬过去取。待宝宝快拿到时，再放远一点
转向爬	妈妈先把有趣的玩具给宝宝玩一会儿，然后当着宝宝的面把玩具藏在他的身后，引诱宝宝转向爬

★ 宝宝手部灵活动作训练

宝宝在 7 个月时就能随心所欲地抓起摆在他面前的小东西了。抓东西时，也不再是简单地抓起来握在手里，而且会摆弄抓在手里的东西，还会把东西从一只手传递到另一只手，出现了双手配合的动作。

小贴士

不要阻止宝宝探险

宝宝在摆弄物体的动作过程中，能够初步认识到一些物体之间的简单联系，比如敲击东西会发出声音，所以他才会不厌其烦地反复去敲，这是宝宝最初的一些"思维"活动，同时也是宝宝心理发展的一大进步。对此，爸爸妈妈应该提供机会让宝宝做一些探索性的活动，而不应该去阻止他或限制他。

训练宝宝拇指、示指对捏能力

训练宝宝的拇指、示指对捏能力，首先是练习捏取小的物品，如小糖豆、大米花等。在开始训练时，可以用拇指、示指扒取，以后逐渐发展至用拇指和示指相对捏起，每日可训练数次。

在训练时，最好爸爸妈妈要陪同宝宝一起，以免他将这些小物品塞进口或鼻腔内，进而发生危险。

学习挥手和拱手动作

爸爸妈妈可以经常教宝宝将右手举起，并不断挥动，让宝宝学习"再见"动作。当爸爸上班要离开家时，要鼓励宝宝挥手，说"再见"。如此每天反复练习，经过一段时间，宝宝见人离开后，便会挥手表示再见。

在宝宝高兴的时候，还可以帮助他将双手对起握拳，然后不断摇动，表示谢谢，而后每次给他玩具或食物时，都会拱手表示谢谢。通过这个训练，可以扩大宝宝的交往动作和范围。

★ 培养宝宝的视听能力

8个月是宝宝视听能力发展的良好时期，应注意培养。

听力训练

爸爸妈妈要定时用录放机或 VCD 给宝宝放一些儿童乐曲，提供一个优美、温柔和宁静的音乐环境，以训练宝宝的听力，并提高对音乐歌曲的语言理解能力。

辨认颜色

将准备好的各色雪花纸片放在盒子里。过一会儿，妈妈从纸盒里任意取出一片雪花纸片，让宝宝说出其颜色。或者妈妈说出颜色的名称，让宝宝在纸盒里找出，并交给妈妈。

刚开始玩游戏时，最好以红、黄、蓝、绿这四种基本颜色为主。通过这个训练，可以提高宝宝的语言理解能力、语言表达能力，帮助其建立颜色感官。

★ 宝宝认知与社交能力训练

8个月是宝宝认知的分水岭。这时的宝宝已经有对物体永存的认知，并且已经拥有自我抑制力、抓取能力及良好的记忆能力，因此，这个年龄段应多培养宝宝的认知能力。

感知训练

训练宝宝的感知能力，爸爸妈妈可以给宝宝一些抚摸、亲吻，再配合儿歌或音乐的拍子，握着宝宝的手，教他拍手，按音乐节奏，模仿小鸟飞，蹦跳身体；还可以让宝宝闻闻香皂、牙膏，培养嗅味感知能力。

听说话认知小训练

爸爸妈妈可以故意将宝宝戴着的帽子取下，并有意识地说"把帽子取下来"，然后将宝宝抱到挂放帽子的地方，再有意识地向宝宝发问："你的帽子呢？"接着就让宝宝指点。

通过这个训练，能初步培养宝宝听懂大人说话的意思，并认识常见物品。

模仿认知训练

爸爸妈妈要经常观察宝宝是否注视自己的行动，开始时应给予引导，从中让宝宝了解和模仿大人的行为活动。

盒中有宝

适合月龄：8～11个月的宝宝

游戏过程：可以先用碗盖住一些宝宝喜爱的小玩具或食物，然后让宝宝寻找。妈妈还可以适当增加难度，用一个小筐盖住藏有玩具的小碗，再让宝宝寻找。当宝宝找到后一定要称赞他。

游戏目的：这个游戏能协助宝宝建立与人交往的技巧，学会如何对别人的行为作出反应，还可增强宝宝的耐心和意志力。

第一章

0~1岁 宝宝，妈妈爱你

★ 培养宝宝良好的饮食习惯

爸爸妈妈如果能从小培养宝宝定时吃饭的习惯，将来要求宝宝有规律地进食就容易多了。

从心理方面来讲，宝宝认为到时间才进食是自然而合理的；从生理方面来讲，身体已建立起这样的生物钟，到一定的时间才感到饥饿，宝宝就会吃得又香又多。

固定餐位、餐具

一般8个月的宝宝就可以独坐了。喂饭时可让宝宝坐在有东西支撑的地方，还可以用宝宝专用的餐椅，总之每次喂饭的地方要固定，让宝宝明白，坐在这个地方就是为了吃饭。

在喂饭时，妈妈用一只匙子，让宝宝也拿一只匙子，允许他把匙子插入碗中。此时，宝宝往往分不清匙子的凹面和凸面，但是让他拿匙子可以使他对自己吃饭产生兴趣，有利于学习自己吃饭，也促进了手—眼—脑的协调发展。

吃饭是自己的事

不要让宝宝看出爸爸妈妈对自己的吃饭问题特别关注，一顿饭吃少点就表现出焦急万分的样子。当宝宝吃饭的"成绩"不太好时，爸爸妈妈最好不动声色，让宝宝明白：吃饭完全是他自己的事。

爱心和耐心

均衡的营养能使宝宝成长得更好，但是要让他们快乐地吃进食物，才能发挥食物的营养效果。因此，应该特别注意培养亲密的亲子关系。

在吃饭时，不要因进食问题而责骂宝宝，强迫宝宝进食。爸爸妈妈应该知道爱心和耐心才是宝宝最需要的。

禁止吃饭时玩耍

要禁止宝宝边吃边玩、边吃边看电视的行为，尤其不要追着喂饭。爸爸妈妈应该帮助宝宝建立起进餐是该在餐桌上进行的正确观念，使宝宝全身心地投入进食过程，而不受周围事物的干扰。

★ 培养良好的日常自理行为

8个月的宝宝能读懂大人的面部表情，对于大人的训斥或赞扬，会表现出委屈或兴奋的神情。

在自理能力上，宝宝会自己吃饼干。这时宝宝往往能自己拿着饼干，有目的地咬、嚼，而不是简单地"吃"；当大人站宝宝面前，伸开双手招呼他时，宝宝会发出微笑，并伸出双手表示要抱；如果妈妈跟他玩拍手游戏，宝宝会合作并模仿着玩。

养成坐便盆的好习惯

8个月的宝宝已经可以坐得很好了，爸爸妈妈可以培养宝宝坐便盆的习惯。首先观察宝宝排便的规律，在宝宝有便意或有所表示时让宝宝坐在便盆上排便，但决不能强迫宝宝坐盆，如果宝宝一坐盆就吵着闹着不干，或过了3～5分钟也不肯排便等，不必勉强，就垫上尿布，但每天必须坚持让宝宝坐盆，时间一长，经反复练习，宝宝一坐盆，就可以排大小便了。

★ 宝宝的智能开发小游戏

游戏可以增长宝宝的智力，开发各种潜能，使宝宝的智能得以及早的发展，特别是在婴儿时期，是宝宝智力增长最快的时候，爸爸妈妈一定要抓住这个黄金时期。

捉迷藏

适合月龄：8～11个月的宝宝

游戏过程：宝宝扶站小沙发旁，妈妈站在沙发的对面或者侧面，"宝宝，看妈妈在这里！"妈妈躲入沙发侧面，然后对宝宝说："猜猜妈妈在哪里？"诱导宝宝下蹲。然后母子在沙发侧面对视，说："妈妈在这里！"妈妈直立起身体，诱导宝宝寻找，"宝宝，妈妈在哪里？"，从而逗引宝宝站立。

游戏目的：可以帮宝宝练习站和蹲，训练下蹲时的平衡感，使宝宝身体更健康。

第9个月
会扶站了

养育重点

1. 不要给宝宝吃糖块，避免发生危险。

2. 给宝宝吃新鲜的、软的水果，不必再喝果汁。

3. 每天带宝宝到户外活动3个小时。

4. 训练宝宝自己动手吃饭。

5. 训练宝宝的自控能力，按照家长的指令行事。

6. 训练宝宝用简单的语言回答问题。

7. 训练宝宝认识五官。

8. 多让宝宝听音乐，随音乐有节奏地摇摆。

体格发育监测标准

9个月时		
	男宝宝	**女宝宝**
身　高	67.9～78.0厘米，平均为72.8厘米	66.8～76.9厘米，平均为71.8厘米
体　重	7.3～11.2千克，平均为9.3千克	6.8～10.3千克，平均为8.7千克
头　围	42.8～48.0厘米，平均为45.3厘米	42.4～46.9厘米，平均为44.5厘米
胸　围	41.4～49.6厘米，平均为45.5厘米	40.3～48.2厘米，平均为43.6厘米

宝宝智能发育记录

大动作发育

这个月龄的宝宝不仅会独坐，而且能从坐位躺下，扶着床栏杆站立，并能由立位坐下，俯卧时用手和膝趴着挺起身来

精细动作发育

这个月龄的宝宝可以用拇指和示指抓住小物体，有目的地将手中的东西扔向地面

视觉发育

这个时期，父母要注意宝宝看人视物的表现，通过对眼睛的观察及早发现问题

听力发育

这个月龄的宝宝喜欢双手拿东西敲打出声，能听懂日常指令。有的宝宝对陌生人及其声音害怕

语言能力发育

这个月龄的宝宝能模仿父母发出单音节词，有的宝宝发音早，已经能够发出双音节"ma-ma""ba-ba"了

作息时间安排

这个月龄的宝宝可以开始有规律地做体操，促进他运动能力的发展，更要保证睡眠质量

大小便训练

1. 基本上宝宝每天都能够按时排人便，形成了一定的规律，每天定时给宝宝把大便，成功的机会也多起来。有的宝宝已经可以不用尿布了

2. 宝宝患秋季腹泻时，妈妈要及时给他补充水和电解质

3. 宝宝此时还不会说话，不能表达自己的需求，还要靠父母多观察，掌握宝宝的规律。比如有的宝宝在排尿前会打个哆嗦

睡眠原则

这个月龄的宝宝每天需要睡14～15个小时，白天睡1～2次，每次1～2小时，夜间睡10个小时左右。夜间如果尿布湿了，但宝宝睡得很香，可以不马上更换。如果宝宝患上尿布疹或屁股已经淹红了，要随时更换尿布。如果宝宝大便了，也要立即换尿布

最佳喂养方案

★ 这个时期宝宝主要需要的营养

9个月为宝宝补充营养是十分重要的。宝宝此时期的生长十分迅速，需要有全面均衡营养的支持。不同月龄的宝宝，营养成分的配比也是会发生变化的。营养成分一定要充足，以适应成长发育的需要。

母乳是一直被崇尚的最经济、最佳食物，但是宝宝到了9个月，母乳的质量下降，致使其营养成分无法满足宝宝的需要。所以，在此时期提倡断乳，用配方奶代替母乳，并且加大营养代乳品的比例。营养代乳品的选择十分重要，既要满足宝宝的营养物质需求，又要避免宝宝摄入营养过多导致肥胖。

★ 怎样喂养本月的宝宝

原则上提倡喂母乳12个月以上，但由于宝宝个体差异的原因，并不是每个妈妈都可以做到。如果宝宝在这一阶段完成断奶，在营养方面，妈妈可以以各种方式给宝宝食用代乳食品。

一般来讲，这一时期宝宝的饮食为：每天3～4次配方奶，分别在早7时、下午2时和晚上9时，和夜间（夜里如果宝宝熟睡也可以不喂）每次约为250毫升。另外要加两次辅食，可安排在上午11时和下午6时，辅食的内容力求多样化，使宝宝对吃东西产生兴趣且营养均衡。在这期间还可以安排宝宝吃些水果或果泥。在食物的搭配上要注意无机盐和微量元素的补充。

★ 这些蔬果是预防宝宝疾病的高手

萝卜

1. 扁桃体炎：鲜萝卜绞汁30毫升，甘蔗绞汁15毫升，加适量白糖水冲服，每日2次

2. 腹胀积滞、烦躁、气逆：鲜萝卜1个，切薄片；酸梅2粒，加清水3碗煎成1碗，去渣取汁加少许食盐调味饮用

胡萝卜

1. 营养不良：胡萝卜1根，煮熟每天饭后当零食吃，连吃1周

2. 百日咳：胡萝卜1根，挤汁，加适量冰糖蒸开温服，每日2次

冬瓜

1. 夏季感冒：鲜冬瓜1块切片，粳米1小碗。冬瓜去皮瓤切碎，加入花生油炒，再加适量姜丝、豆豉略炒，和粳米同煮粥食用，每日两次

2. 咳嗽有痰：用鲜冬瓜1块切片，鲜荷叶1张。加适量水炖汤，加少许盐调味后饮汤吃冬瓜，每日两次

南瓜

哮喘：南瓜1个，蜂蜜半杯，冰糖30克，先在瓜顶上开口，挖去部分瓜瓤，放入蜂蜜、冰糖，盖好，放在蒸笼中蒸两小时即可。每日早晚各吃1次，每次半小碗，连服5～7个月

土豆

1. 习惯性便秘：鲜土豆洗净切碎后，加开水捣烂，用纱布包绞汁，每天早晨空腹服下一两匙，酌加蜂蜜同服，连续15～20天

2. 湿疹：土豆洗净，切碎捣烂，敷患处，用纱布包扎，每昼夜换药4～6次，两三天后便能治愈，治湿疹

白菜

1. 百日咳：大白菜根3条，冰糖30克，加水煎服，每日3次

2. 感冒：大白菜根3条洗净切片，红糖30克，生姜3片，水煎服，每日2次

葱

1. 感冒发热：连根葱白1根，大米1把，煮粥，倒1匙醋，趁热吃，每日3次

2. 咳嗽：葱白连须5根，生梨1个，白糖2匙。水煎后，吃葱、梨，喝汤，每日3次

★ **宝宝饮食禁忌**

不要给宝宝吃过多的鱼松

有的宝宝很喜欢吃鱼松，喜欢把鱼松混合在粥中一起食用，妈妈也喜欢喂给宝宝鱼松，认为鱼松又有营养又美味。虽然鱼松很有营养，但是也不能食用过量。这是因为鱼松是由鱼肉烘干压碎而成的，并且加入了很多调味剂和盐，其中还含有大量的氟化物，如果宝宝每天吃10克鱼松，就会从中吸收8毫克的氟化物，而且宝宝还会从水中和其他食物中吸收很多氟化物。

不要给宝宝吃油腻、刺激性的食物	
1	咖啡、可乐等饮料影响宝宝神经系统的发育
2	花生、糯米等不易消化的食物会给宝宝消化系统增加负担
3	刺激性大的食物不利于宝宝的生长，如辣的、咸的
4	不宜给宝宝吃冷饮，这样容易引起消化不良

不要给宝宝吃太多菠菜

有的家长害怕宝宝因为缺铁而贫血，所以，就让宝宝多吃菠菜补充铁。实际上，菠菜含铁量并不很高，最关键的是菠菜中含有的大量草酸容易和铁结合成难以溶解的草酸铁，还可以和钙形成草酸钙。

如果宝宝有缺钙的症状，吃菠菜会使佝偻病情加重。所以，不要为了补充铁而给宝宝吃大量的菠菜。

不要给宝宝吃过量的西瓜

到了夏天，适当吃点儿西瓜对宝宝是有好处的，因为西瓜能够消暑解热。但是如果短时间内摄取过多的西瓜，就会稀释胃液，可能造成宝宝消化系统紊乱，导致宝宝腹泻、呕吐、脱水，甚至可能出现生命危险，对于肠胃出现问题的宝宝，更不能吃西瓜。

新妈妈催乳食谱

鱼肉青菜粥

材料：大米 2 小匙，鱼肉末、青菜各适量。

做法：

1. 将大米淘洗干净，开水浸泡 1 小时，研磨成末，放入锅内，添水大火煮开，改小火熬至黏稠。

2. 青菜洗净用水焯一下，挤干水分，切成碎末待用。

3. 粥快熟时，加入鱼肉末煮几分钟，最后加入青菜末，2～3 分钟后即可出锅。

番茄碎面条

材料：番茄 1/4 个，儿童面条 10 克，蔬菜汤适量。

做法：

1. 在儿童面条中加入两大匙蔬菜汤，放入微波炉加热 1 分钟。

2. 番茄去籽切碎，放入微波炉加热 10 秒钟。

3. 将加热过的番茄和蔬菜汤面条倒在一起搅拌即可。

★ 排便护理

这个月龄的宝宝已经能吃很多代乳食品了，所以宝宝的大便会有臭味了，颜色也更深了。有的宝宝每天排便一两次，有的宝宝两天排便一次。有的宝宝已经能够很好地利用便器了，一般也会很好地配合家长使用便器。

这个时期的宝宝小便次数减少了，很多宝宝小便也能很好地利用便器了，所以，家长要注意对宝宝进行排便训练。

★ 睡眠护理

这个月龄的宝宝大多会睡午觉，睡午觉的时间并不相同，大多数宝宝会睡一两个小时，当然也有一刻也不睡的宝宝，这样的宝宝多为好动的宝宝，即使睡觉也会睡得很短。在睡眠时间上，一般宝宝会晚上9点左右睡，早上7~8点起来。

这个时期的宝宝已经没有被妈妈的乳房压迫导致窒息的危险了，所以，是可以母婴同睡的，尤其是在寒冷的冬季，母婴同睡可以更方便地照顾宝宝，使宝宝可以很快地入睡，只是宝宝晚上若经常起来玩，会影响父母的工作。

家庭医生

★ 不能自取鼻腔异物

要预防鼻腔异物，首先是教育宝宝不要将异物塞入鼻内。宝宝学会爬行后，家长要把宝宝可以拿到的、危险的东西，如玻璃球、纽扣，吃完水果的果核、别针、花生、利器等物品放到宝宝不易拿到的地方。不让宝宝到昆虫多的地方玩耍，吃饭时不要说话，更不要说一些逗宝宝大笑的笑话。

如果发现宝宝出现鼻腔异物，家长应立即将宝宝送往医院治疗。不要自行去取鼻腔异物，尤其不要用镊子夹取。因为有些圆滑的异物如果夹取不住滑脱，可将异物推入鼻腔后端，甚至滑入鼻咽或气管内，而造成气管异物。

★ 触电的紧急处理

发现宝宝触电后，要立即切断电源，或用干燥的木棒、竹竿、塑料棒等不导电的东西拨开电线，之后迅速将宝宝移至通风处。对呼吸、心跳均已停止者，立即在现场进行人工呼吸和胸外心脏按压。对触电者不要轻易放弃抢救，触电者呼吸、心跳停止后恢复较慢，有的长达4小时以上，因此，抢救时要有耐心。

实施人工呼吸和胸外按压法，不得中途停止，即使在救护车上也要进行，一直等到急救医务人员到达，由他们接替，采取进一步的急救措施。

★ **不可盲目为长牙晚的宝宝补钙**

正常情况下，宝宝出生之后 6～7 个月就开始长牙，有些妈妈看到自己的宝宝到本阶段还不长牙，就十分着急，并片面地认定是宝宝缺钙而导致的。于是妈妈就会急切且盲目地为宝宝补充钙和鱼肝油。殊不知，只凭宝宝的长牙早晚并不能确定宝宝缺钙与否，而且就算宝宝真的缺钙，也要在医生的指导下给宝宝补充钙质。一旦给宝宝服用过量的鱼肝油和钙质，就极有可能引发维生素中毒，使宝宝的身体受到损害。

宝宝长牙的早或晚，通常由多方面的因素导致，虽然也与缺钙有关，但缺钙并不是主要原因。只要宝宝没有什么其他的毛病，身体各方面都很健康，那么哪怕宝宝到 1 岁的时候才开始长牙，家长也无需担心，只要保证宝宝日常需要的营养就可以了，绝不可盲目地为宝宝补充过量的鱼肝油和钙。

★ **带宝宝外出时的注意事项**

带宝宝外出时的注意事项	
不要让学步宝宝在马路上走	刚学会走路的宝宝步子还不稳，所以，最好还是由妈妈抱着，不要让宝宝自己在马路上走
坐推车时要给宝宝系安全带	妈妈要记得，宝宝一坐上推车就要给他系上安全带
坐公车时不要与人挤	坐公车时，上车的时候如果人比较多，带宝宝的妈妈可以在最后上车，以免宝宝在拥挤混乱中受伤；把宝宝抱在手上是比较方便安全的办法
不要让宝宝把手和头伸到窗外	带宝宝坐私家车最好关上窗户，或由成年人时刻在旁边照看着，不让宝宝将头和手伸出窗户外面
让宝宝坐在后排的安全座椅上	只有让宝宝坐在安装在后排的安全座椅上，才能保护好宝宝的颈部和胸部，把意外伤害降到最低
下车时，记得拔下车钥匙	车门有自动落锁功能的车，父母更要谨慎，即使是暂时离开一小会，也要记得把钥匙拔下，以避免发生宝宝和车钥匙都被锁在车里的情况

宝宝智力加油站

★ 宝宝"识五官"及认知能力

9个月的宝宝认知能力已经很强，宝宝开始有物体永存的概念，能找出在他眼前刚被隐藏的或部分被遮盖的玩具，并开始认识自己的身体部位，尤其是对自己的"五官"能非常清晰地记住，因此，这时爸爸妈妈应着重培养宝宝的认知能力。

宝宝指认五官训练

宝宝长到9个月时，已经能够认识自己的身体部位，并且对自己的五官：眼睛、耳朵、鼻子、嘴巴等认识得很清楚，并且能够指出来，这说明宝宝的认知能力已经攀上了一个新台阶，爸爸妈妈应多注意培养。

镜子里的小手、小脚

妈妈用手摇摆宝宝的小手、小脚，并用手挠挠宝宝的手心和脚心，以引导宝宝去注意自己的小手和小脚。

手指小儿歌

妈妈先打开宝宝的手掌，一边依次轻轻按下拇指、示指、中指……一边要念儿歌："大拇哥，二拇哥，三中娘，四小弟，五小妞妞爱看戏。"

教宝宝认识自己的手、脚，能引导宝宝注意自己的四肢，发展自我意识；通过念儿歌还可以给予宝宝语言刺激，还能增加亲子之间的情感交流。

第一章

0~1岁 宝宝，妈妈爱你

★ 宝宝运动智力开发

宝宝长到 9 个月的时候，能抓住栏杆从座位站起，也能从坐立主动地躺下变为卧位，而不再是被动地倒下。

宝宝到 8 个月时，精细动作能力已相当灵巧。能用拇指、示指夹小球或线头，能主动地放下或扔掉手中的物体，而不是被动地松手。

扶站训练

在宝宝坐稳、会爬后，就开始向直立发展，这时爸爸妈妈可以扶着宝宝腋下让他练习站立，或让他扶着小车栏杆、沙发及床栏杆等站立，同时可以用玩具或小食品吸引宝宝的注意力，延长其站立时间。如果在以上练习完成较好的基础上，也可让宝宝不扶物独站片刻。

大人是宝宝扶站的最好"拐棍"，必要时可站在宝宝旁边，让宝宝抓住你的手站起来。通过扶站练习，可以锻炼宝宝腿部或腰部的肌肉力量，为以后独站、行走打下基础。

训练有意识地拿起和放下

这时爸爸妈妈可训练宝宝有意识地拿起和放下。在宝宝开始拿玩具时，可能会扔掉或撒手，但并不是有意识地放下，爸爸妈妈可在宝宝拿起玩具如积木时用语言指导他放下，或给某人或放在某处，比如"把积木放到盒子里"，"把球给爸爸"，训练宝宝有意识地拿起放下。

每次成功后爸爸妈妈都要及时给予鼓励，激发宝宝自己动手的兴趣和信心。

对敲、摇能力的训练

爸爸妈妈可相继给宝宝两块方木或两种性质的小型玩具，鼓励宝宝两手对敲玩具，或用一只手中的玩具去击打另一只手中的玩具。也可给宝宝一只拨浪鼓或铃鼓，鼓励宝宝主动摇摆，随之发出悦耳的声音。

这个训练能培养手的灵活性，开发手的功能。

★ 宝宝语言智力开发

9个月的宝宝在语言能力上，能发出类似"妈妈"的音；宝宝还能对一个人或物发音，但音不一定很准确。如发"不"同时摆手表示；发"这、那"同时用手指某东西；发"阿阿"音，同时指某东西，让你拿。

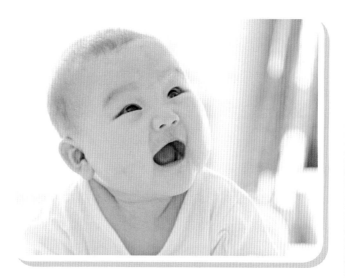

有意识地呼唤人

通常，9个月的宝宝会发出不少音节，如"ba、da、ga、ma"等，但所有这些音都是宝宝无意识地发出的。到了9个多月，宝宝的语言能力应该进步，所以在这个阶段该教宝宝有意识地称呼人。

当宝宝发出"mama"的音节时，首先赶快重复宝宝的发音，然后立即与实际人物相联系，如指着妈妈说："这是妈妈。"这样经常不断地说，将词与人物反复联系，使宝宝逐渐形成印象："mama"就是抱自己、亲自己的妈妈。

语言音乐训练

培养宝宝的语言能力，爸爸妈妈应注意培养宝宝的观察能力，除引导宝宝观察大人说话时的不同口型，为以后学话打基础之外，还要注意让宝宝观察成人的面部表情，懂得喜怒哀乐等情绪。

大人在与宝宝说话时，一定要脸对着宝宝，使他注意到你的面部表情。此外，还要经常给宝宝听优美的音乐和儿童歌曲，让他感受音乐艺术语言，感受音乐的美，用音乐启发宝宝的智力。

让宝宝认物发音

在宝宝的床上放置各种玩具，爸爸妈妈可以叫宝宝的名字说："×××，请把小狗给我！请把小鸭子给我！"等，使词和物多次结合。通过训练，培养宝宝理解大人的词意，练习发音。

★ **宝宝的视听觉能力训练**

9个月的宝宝，视线能随移动的物体上下左右地移动，能追随落下的物体，寻找掉下的玩具，并能辨别物体大小、形状及移动的速度；开始出现立体知觉。

爸爸妈妈可以带宝宝走出家门出去看绿树蓝天、鲜花青草、来往人群、汽车等等，促进他的视听能力的发展，同时又可以培养他的初步的观察能力。

听音乐、念儿歌、讲故事

培养宝宝的视听能力，爸爸妈妈还可以根据实际条件，试着讲一些适合宝宝听的小故事，最好是结合宝宝的环境，自编一些短小动听的故事，可以念一些儿歌。

宝宝看电视

给宝宝看电视时，爸爸妈妈可选择一些画面稳定、优美的镜头给宝宝看，在看电视的同时，可以与宝宝进行语言交流，并告诉他画面上事物的名称与大概的意思。

通过让宝宝看电视，可以将视觉、听觉协调统一起来，给宝宝良好的视听环境。此外，还可以让宝宝习惯体验新奇的刺激。

敲敲打打

适合月龄：9～11个月的宝宝

游戏过程：给宝宝一根小木棒，在宝宝面前摆放各种材质不同的小物品，让宝宝用手中的小木棒敲打前面的物品，并听各种不同的声音。

游戏目的：通过让宝宝敲打不同的物品分辨声音，几次之后宝宝就可以有选择地挑能发出自己喜欢的声音的物品敲打了。

★ 培养宝宝的社交能力

通常，9个月的宝宝对陌生的成人普遍有怯生、不敢接近的现象，但他们较易接受与自己同龄的陌生小伙伴。

(握握手，交朋友)

为了培养宝宝的交往能力，爸爸妈妈可以有意识地让宝宝和同龄宝宝接触，通过以下方式，训练他和同伴相处的能力。

1. 欢迎欢迎：当与小朋友们相互见面的时候，让宝宝对小伙伴点点头或拍拍手表示欢迎对方。

2. 握握手：刚与小朋友见面后，爸爸妈妈应鼓励两个宝宝相互握握手，以示友好。

3. 谢谢：引导小宝宝们相互交换自己的玩具，并让他们点点头，以表示谢意。

4. 一起玩耍：让宝宝们一起在地毯上或床上互相追逐，嬉闹。

5. 再见：与小伙伴们分手时，让宝宝挥挥手，表示再见。

(拓展宝宝社交范围)

培养宝宝的交往能力，爸爸要拓展宝宝的交往范围，有空多陪宝宝玩耍，不要只顾自己看电视，而让宝宝自己玩。要让宝宝多与人接触，如阿姨、叔叔、爷爷、奶奶或公园的小朋友等等，都可以成为宝宝交往的对象。

认识新朋友

适合月龄：9～11个月的宝宝

游戏过程：当家里面有客人来的时候，妈妈可以把宝宝抱到客厅当中去，让宝宝看到这些来的客人，妈妈可以一边抱着宝宝，一边向宝宝介绍这些客人，还可以抓住宝宝的小手向客人们打招呼，客人也要向宝宝打招呼，或者跟宝宝一起玩耍。

游戏目的：可以锻炼宝宝最早期的交往能力，可以帮助宝宝在以后的成长过程中不认生。

第 10 个月
模仿能力迅速发展

养育重点

1. 不要过多地干预宝宝活动。

2. 多给宝宝提供模仿的机会。

3. 此时宝宝会很淘气，爸爸妈妈要控制自己的情绪，不要随便发脾气。

4. 不要频繁地对宝宝说"不"。

5. 慢慢纠正宝宝吮吸入睡的习惯。

6. 多向宝宝介绍家中的日常用品。

7. 积极训练宝宝迈步行走，要保证宝宝的安全。

8. 收起家里的小颗粒状物品，如药丸等。

体格发育监测标准

10 个月时		
	男宝宝	女宝宝
身　高	68.9~78.9厘米，平均为73.9厘米	67.7~77.3厘米，平均为72.5厘米
体　重	7.5~11.5千克，平均为9.5千克	7.0~10.9千克，平均为8.9千克
头　围	43.2~48.4厘米，平均为45.8厘米	42.5~47.2厘米，平均为44.8厘米
胸　围	41.9~49.9厘米，平均为45.9厘米	40.7~48.7厘米，平均为44.7厘米

宝宝智能发育记录

大动作发育

1. 宝宝能够坐得很稳，能由卧位坐起而后再躺下，能够灵活地前、后爬行，爬得非常快，能扶着床栏站着并沿床栏行走
2. 这段时间的运动能力，宝宝的个体差异很大，有的宝宝稍慢些

精细动作发育

这个月龄的宝宝会抱娃娃、拍娃娃，模仿能力加强。双手会灵活地敲积木，会把一块积木搭在另一块积木上

视觉发育

宝宝能手眼配合完成一些活动，如：把玩具放进箱子里，把手指头插到玩具的小孔中，用手拧玩具上的螺丝等

听力发育

这个月龄的宝宝能对细小的声音作出反应，怕巨响，能听懂一些简单的词语

语言能力发育

能模仿发出双音节词，如"爸爸""妈妈"等。女宝宝比男宝宝说话早些。学说话的能力强弱并不表示宝宝的智力高低，只要宝宝能理解父母说话的意思，就说明他很正常

作息时间安排

这个月龄的宝宝活动范围进一步增多，如果白天醒着的时间增多，晚上又不想睡觉，就会造成睡眠不足

大小便训练

有的宝宝即使此时有了坐盆习惯，可是等自我意识有了萌芽之后，有的宝宝可能又不坐了，遇上这种情况，父母不能对宝宝失去耐心，大吵大嚷，因为这样会使得宝宝对自己的身体产生不好的感觉。如果父母能以宽容、耐心的态度面对并解决"事故"，则有助于宝宝形成健康的身体意识

睡眠原则

这个月的宝宝的睡眠和上个月差不多。每天需睡14～15个小时，白天睡2次。正常健康的宝宝在睡着之后，应该是嘴和眼睛都闭得很好，睡得很甜

最佳喂养方案

★ 这个时期宝宝主要需要的营养

10 个月宝宝逐渐调整为一日三奶二餐一次水果为标准。可以选择的食物有很多，以粮食、奶、蔬菜、鱼、肉、蛋、豆腐为主的食物混合搭配，这些食物可以提供宝宝生长发育所需的营养元素。如果此阶段宝宝体重增长过快就应该对其饮食加以控制，每天配方奶供应量不可超过 1000 毫升，粥也不应超过 1 碗。

什么是 DHA

DHA 又叫做二十二碳六烯酸，是人体中重要的长链多不饱和脂肪酸，主要存在于视网膜及大脑皮质，是促进大脑功能以及视力正常发育的重要物质。DHA 对于增强宝宝记忆与思维能力，提高智力等作用尤其显著。

0~1 岁是宝宝脑发育的黄金期，错过了这个黄金期，再补充任何营养只会事倍功半。因此，家长需要在这一阶段为宝宝脑部发育提供高质量的营养。

怎样为宝宝补充 DHA

DHA 只存在于鱼类及少数贝类中，其他食物几乎不含 DHA，因此要想使宝宝获得足够的 DHA，最简便有效的途径就是吃鱼，而鱼体内含量最多的是眼窝部分，其次是鱼油；另一种方式是通过补充强化 DHA 的营养品。

★ 怎样喂养本月的宝宝

经常给宝宝吃各种蔬菜、水果、海产品，可以为宝宝提供维生素和无机盐，以供代谢需要。适当喂些面条、米粥、馒头、小饼干等以提高热量，达到营养平衡的目的。经常给宝宝搭配动物肝脏以保证铁元素的供应。

给宝宝准备食物不要嫌麻烦，烹饪的方法要多样化。注意色香味的综合搭配，而且要细、软、碎，注意不要煎炒，以利于宝宝的消化。

★ 辅食的内容力求多样化

原则上提倡喂母乳 12 个月以上，但由于个体差异的原因，不是每个妈妈都能做到。如果宝宝在这一阶段完成换乳，在营养方面，妈妈应以各种方式给宝宝食用代乳品。一般来讲，这一时期宝宝的饮食为：每天 3 次母乳或奶粉，分别在早 6 时、下午 2 时、晚上 10 时，每次约为 250 毫升。另外要加 2 次辅食，可安排在上午 10 时和下午 6 时，辅食的内容力求多样化，使宝宝对吃东西产生兴趣且营养均衡。在这期间还可以安排吃些水果或果泥。在食物的搭配上要注意无机盐和微量元素的补充。

★ 食物可从全粥晋级到软饭了

10 个月的宝宝，食物可从全粥晋级到软饭了，选择纤维多的蔬菜，取菜尖部分，设法切成让宝宝容易入口的大小。要注意让宝宝的营养均衡，每餐都要供应主食、蛋白质、蔬菜。比例大约为：主食 10，蛋白质 3，蔬菜 4。

增加粗纤维食物和硬食物。这个月起，宝宝已经长牙，有了咀嚼能力，可以给宝宝增加粗纤维的食物和硬食物，添加类似地瓜、土豆之类的植物性根茎块类食物。给宝宝吃一些硬食物对宝宝的牙齿发育有利，也能锻炼其消化系统。

小贴士

给宝宝选择营养强化食物

处于换乳期的宝宝，比较容易缺乏维生素A、维生素D、维生素 B_2 和钙、铁等无机盐。妈妈可以去买一些换乳期配方食品，这些食品大多是多种营养强化的，是为了增加营养而加入了天然或人工合成的营养强化剂的宝宝食品。购买时要根据厂家、食品说明来挑选，要买符合国家标准的食品。

★ 如何给宝宝挑水果

挑选当季水果

挑选水果时以选择当季的新鲜水果为益。现在我们经常能吃到一些反季节水果，但有些水果，如苹果和梨，营养虽然丰富，可如果储存时间过长，营养成分也会丢失得厉害。所以，最好不要选购反季节水果。

购买水果时应首选当季水果；每次购买的数量也不要太多，随吃随买，防止水果霉烂或储存时间过长，降低水果的营养成分；挑选时也要选择那些新鲜、表面有光泽、没有霉点的水果。

小贴士

水果要与宝宝体质相宜

要注意挑选与宝宝的体质、身体状况相宜的水果。比如，体质偏热容易便秘的宝宝，最好吃寒凉性水果，如梨、西瓜、香蕉、猕猴桃等，这些水果可以败火；如果宝宝体内缺乏维生素A、维生素C，那么就多吃杏、甜瓜及柑橘，这样能给身体补充大量的维生素A和维生素C；宝宝患感冒、咳嗽时，可以用梨加冰糖炖水喝，因为梨性寒、能够生津润肺，可以清肺热；但如果宝宝腹泻就不宜吃梨。

水果不能随便吃

水果并不是吃得越多越好，每天水果的品种不要太杂，每次吃水果的量也要有节制，一些水果中含糖量很高，吃多了不仅会造成宝宝食欲缺乏，还会影响宝宝的消化功能，影响其他必需营养素的摄取。

有一些水果不能与其他食物一起食用，比如，番茄与地瓜、螃蟹一同吃，便会在胃内形成不能溶解的硬块儿。轻者造成宝宝便秘，严重的话这些硬块不能从体内排出，便会停留在胃里，致使宝宝胃部胀痛，呕吐及消化不良。

★ 添加后期辅食的信号

加快添加辅食的进度

宝宝的活动量会在 10 个月大后大大增加，但是食量却未随之增长，所以宝宝活动的能量已经不能光靠母乳或者配方奶来补充了。

这个时候应该添加一定块状的后期辅食来补充宝宝必需的能量了。

对于大人食物有了浓厚的兴趣

很多宝宝在 10 个月大后开始对大人的食物产生了浓厚的兴趣，这也是他们自己独立用小匙吃饭或者用手抓东西吃的欲望开始表现明显的时候了。

一旦看到宝宝开始展露这种情况，父母更应该使用更多的材料和更多的方法，来喂食宝宝更多的食物。在辅食添加后期，可以尝试喂食宝宝过去因过敏而未使用的食物了。

正式开始抓匙的练习

表现出开始独立欲望，自己愿意使用小匙。也对大人所用的筷子感兴趣，想要学使筷子。

即使宝宝使用不熟练，也该多给他们拿小匙练习吃饭的机会。宝宝初期使用的小匙应该选用像冰激凌匙一样手把处平平的匙。

出现异常排便应暂停辅食

宝宝的舌头在 10 个月大后开始活动自如，能用舌头和上腭捣碎食物后吞食，虽然还不能像大人那样熟练地咀嚼食物，但已可以吃稀饭之类的食物。但即便如此，突然开始吃块状的食物的话，还是可能会出现消化不良的情况。

如果宝宝的粪便里出现未消化的食物块时，应该放缓添加辅食进度。再恢复喂食细碎的食物，等到粪便不再异常后再恢复原有进度。

★ 后期辅食添加

后期辅食添加的原则

10月龄大的宝宝在喂食辅食方面已经省心许多了，不像过去那样脆弱，很多食物都可以喂了，但是妈妈也不可大意，须随时留意宝宝的状态。

还折阶段仍需喂乳品

宝宝在这个时期不仅活动量大，新陈代谢也旺盛，所以必须保证充足的能量。喝一点儿母乳或者配方奶就能补充大量能量，也能补充大脑发育必需的脂肪，所以这个时期母乳和配方奶也是必需的，即使宝宝在吃辅食也不能忽视喂母乳，一天应喂母乳或者配方奶3~4次，共600~700毫升。

每天3次的辅食应成为主食

若是中期已经有了按时吃饭的习惯，那现在则是正式进入一日三餐按时吃饭的时期。

小贴士

此时开始要把辅食当成主食

逐渐提高辅食的量以便得到更多的营养，一次至少补充两种以上的营养群。不能保障每天吃足五大食品群的话，也要保证2~4天均匀吃全各种食品。

后期辅食添加的方法

要养成宝宝一日三餐的模式，每天需要进食5~6次，早晚各两次奶，辅食添加3次。有的宝宝午睡后或夜间还需要喝一次奶。

先从喂食较黏稠的粥开始

宝宝已经完全适应一天2~3次的辅食，排便也看不出来明显异常，足以证明宝宝做好了过渡到后期辅食的准备。从9个月大开始喂食较稠的粥，如果宝宝不抗拒，改用完整大米熬制的粥。蔬菜也可以切得比以前大些，切成5毫米大小，如果宝宝吃这些食物也没有异常，证明可以开始喂食后期辅食了。

食材切碎后再食用

　　这个阶段是开始练习咀嚼的正式时期。不用磨碎大米，应直接使用。其他辅食的各种材料也不用再捣碎或者碾碎，一般做成3～5毫米大小的块即可，但一定要煮熟，这样宝宝才能容易用牙床咀嚼并且消化那些纤维素较多的蔬菜。

　　应使用那些柔嫩的部分给宝宝做辅食，这样既不会引起宝宝的抵抗，也不会引起腹泻。

★ 一眼分辨的常用食物的黏度

大米

　　不用磨碎大米，直接煮3倍粥，也可以用米饭来煮。

鸡胸脯肉

　　去掉筋煮熟后捣碎。

苹果

　　去皮切成5毫米大小的块。

油菜

　　用开水烫一下，菜叶切成5毫米的碎片。

胡萝卜

　　去皮切成5毫米大小的块。

海鲜

　　去皮蒸熟，然后去骨撕成5毫米大小。

| 10 | 10 个月后开始喂 | 11 | 11 个月后开始喂 |

| 12 | 12 个月后开始喂 | ! | 注意过敏反应 |

| ? | 有过敏的宝宝可以吃的月数 |

★ 后期辅食食材

面粉
`10` `!` `13`

10个月的宝宝就可以喂食用面粉做的疙瘩汤。过敏体质的宝宝应该在1岁后开始喂食。做成面条剪成3厘米大小放在海带汤里，宝宝很容易就会喜欢上它

番茄
`10` `!` `18`

水果中含的维生素C和钙最为丰富。但不要一次食用过多，以免便秘。去皮后捣碎然后用筛子滤去纤维素，然后冷冻。使用时可取出和粥一起食用或者当零食喂

虾
`10` `!` `24`

富含蛋白质和钙，但容易引起过敏，所以越晚喂食越好。过敏体质的宝宝则至少1岁大以后喂食。去掉背部的腥线后洗净，煮熟捣碎喂食

葡萄
`11`

富含维生素B_1和维生素B_2，还有铁，均有利于宝宝的成长发育。3岁以前不能直接喂食宝宝葡萄粒，应捣碎以后再用小匙一口口喂

红豆
`12` `!` `24`

若宝宝胃肠功能较弱，则应在1岁以后喂食。一定要去除难以消化的皮。可以和有助于消化的南瓜一起搭配食用

猪肉
`12` `!` `24`

应仕1岁后开始喂食。猪肉富含蛋白质、维生素B_1和无机盐，肉质鲜嫩，容易消化吸收。制作时先选用里脊，后期再用腿部肉

鸡肉
`12`

鸡肉有益于肌肉和大脑细胞的生长。可给1岁的宝宝喂食。油脂较多的鸡翅尽量推迟几岁后吃。去皮、脂肪、筋后切碎，加水煮熟后喂食

宝宝营养食谱

豌豆稀饭

材料： 豌豆 2 大匙，软米饭 1/2 碗，鱼汤 1/2 杯。

做法：

1. 豌豆洗净，放入滚水中涮烫至熟透，沥干后挑除硬皮。

2. 将软米饭、去皮豌豆与鱼汤放入锅中，小火煮至汤汁收干一半即可喂食。

菠菜软饭

材料： 烤紫菜片（海苔）少许，菠菜 3 根，软米饭 1/5 碗，水 3/4 杯。

做法：

1. 将菠菜焯水沥干，切成碎末。

2. 把烤紫菜片用手撕碎。

3. 将软饭和水放入锅内煮，当水开始沸腾时把火调小，把撕碎的紫菜和菠菜末放入锅里，边搅边煮，至汤汁收干一半即可。

太阳豆腐

材料： 豆腐 1/6 块，鸡蛋 1 个，香油少许。

做法：

1. 将豆腐在开水中焯一下，捞出沥去水分，用匙子碾碎。

2. 将蛋白、蛋黄分开，将蛋白与碎豆腐混合后加入少量水，向一个方向反复搅拌。

3. 将整个蛋黄放在中间，上锅蒸 7~8 分钟，再滴上几滴香油即可。

日常护理指南

★ **为不同年龄宝宝选购合适的积木**

0～1岁：色彩鲜艳的布积木

1岁前最好给宝宝选择趣味性积木，如布积木，它柔软，有鲜艳的颜色，还有动物或水果等图案，主要训练宝宝小手的抓握能力，以及感知颜色，认识物体，发展触觉等，而且布积木不会碰伤宝宝。

1～2岁：轻巧的积木

1岁多的宝宝空间意识正在形成，开始会将积木一层层搭高。但是这个年龄段的宝宝，身体控制、手眼协调能力还不是很好，因此，要选择轻巧的积木，防止积木倒塌时砸伤宝宝。

积木块不要太大，便于宝宝的小手抓握。如果积木上有小狗、小猫或小娃娃的家等装饰图案，就更能引起宝宝的兴趣。

2～3岁：标准尺寸的积木或插片积木

2岁以后的宝宝，空间概念、语言、思维和想象力都已经发展起来，手的动作、手眼协调能力增强，可以做稍微复杂一些的事情了。这时，可以给他选择标准的积木，如两个半圆正好对成一个整圆，两块短积木加起来的长度正好等于一块长积木等，或是插片式积木，这种积木可以给宝宝更多的创造和表现空间。

★ 穿衣护理

不要穿得太多

给宝宝穿衣不要穿得太多，越多不见得越保暖，关键是看衣服的质地、舒展性等。

冬天一般在室内，衣服的穿法是：上身：内衣＋薄毛衣＋厚毛衣；下身：内裤＋薄毛裤＋厚毛裤，外出再加上外套和外裤。

穿衣大小要合适

不要给宝宝穿太大的衣服，尤其是袖子不宜过长；裤子、鞋子都不宜太长、太大，否则会影响宝宝活动。一般来说，衣服可在宝宝身长的基础上长 5～6 厘米，这样有些外套衣服可以穿两个季节。因此，平日衣服不要穿得太多，一般和大人穿得一样或多一件就足够了。

面料最好是纯棉

纯棉的织物比较柔软、透气，化纤原料常会引起过敏，毛料虽然是天然品，但是比较粗糙，容易对宝宝的肌肤产生刺激，因此，宝宝的衣物选择以纯棉的比较好，化纤原料可选做作防风、防雨的风衣，毛料做外套是比较理想。

家庭医生

★ 小心宝宝过敏

食物过敏

主要表现：呕吐、腹泻、腹痛、皮疹。

预防措施：

1. 以牛乳制成的配方奶可以引起某些月龄不足 6 个月的宝宝消化道过敏症状，应该仔细观察，过敏后及时停止饮用；

2. 正在哺乳的妈妈应忌食辛辣、刺激性食物及海鲜等不易消化的食物，以免间接引起宝宝不适。

3. 许多食物都可引发过敏，包括鸡蛋清、豆类、坚果等异类蛋白质和某些香料，不应食用。

皮肤过敏

主要表现：湿疹、荨麻疹。

预防措施：

1. 鱼、虾、蟹、牛羊肉、鸡蛋等均可能是致敏原或加重过敏症状，因此，宝宝饮食务求清淡、无刺激。

2. 保持室内清洁卫生、通风，因为日光、紫外线、寒冷湿热等物理因素也是诱因之一。

3. 洗澡水温不要太高，不要用碱性过强的浴液和香皂，衣服材质应避免人造纤维、丝织品。

★ 学步期不可忽视的安全措施

在地面铺上软地毯

宝宝学步时，摔跤是常有的事。在地面铺上一层地毯或泡沫地垫，这样，即使宝宝摔跤也不容易摔伤或摔疼了。

注意家具的安全

宝宝刚开始学步时，很难控制自己的重心，一不小心就有可能被碰伤。需给家具的尖角套上专用的防护套，以防宝宝受伤；也可以将家具都靠边摆放，从而为宝宝营造一个比较安全和宽敞的空间。

给插座盖上安全防护盖

宝宝学步后，活动的范围一下增大了，再加上宝宝总是充满好奇心，看到新奇的事物总爱伸手触摸一下。

为防止宝宝伸手碰触插座，一定要给插座盖上专用的安全防护盖，以防宝宝触电。

收拾好危险物品

宝宝总是顽皮好动，一些由玻璃等易碎材料做成的小物件或是如打火机、火柴、刀片之类的危险物品，以及易被宝宝误食的小药丸、小弹珠和易被宝宝拉扯下来的桌布等东西都要收起来，以防宝宝发生危险。

家中常备常用急救药物

创可贴、红药水、绷带、消炎粉等外伤急救药品要家中常备，万一宝宝摔伤，可以立刻止血或给伤口做简单的处理。

为宝宝穿上防滑的鞋袜

父母可以为宝宝购买学步的专用鞋，这样既能够保护宝宝的双脚，保证足部的正常发育，又能很好地防止滑跤。

若是室内脱鞋的家庭，要为宝宝穿上防滑的袜子，以防宝宝在地板上滑到。

列出救援电话

紧急救援的电话号码要贴在明显处或电话机旁，一旦发生紧急情况，家人，尤其是家中独自带宝宝的老人，可以立刻寻求帮助。

★ 当心婴幼儿急疹

几个月的宝宝，如果没有任何征兆地突然发起高热来，过几天退烧后身上出现玫瑰红色的疹子，妈妈不用过于担心，这是宝宝正在遭遇婴幼儿急疹。

宝宝为什么会得婴幼儿急疹

婴幼儿急疹由人疱疹病毒6型引起，是一种常见的婴幼儿急性发热性疾病，传染性不强。一般2岁以内的孩子比较容易感染发病，尤其以1岁以内的宝宝最多见。发病特点是在发热3～5天后突然退热，身上出现玫瑰红色的斑丘疹，它也因此有了一个很好听的名字：婴儿玫瑰疹。这种病四季都可能发生，但冬春季节是发病高峰。

怎么判断宝宝得了婴幼儿急疹

婴幼儿急疹最典型的症状是：起病急，高烧达39℃～40℃，持续3～5天后自然骤降，精神也随之好转。它的最大特点是：热退疹出。婴幼儿急疹的皮疹不规则，为小型玫瑰斑点，也可能融合成一片，用手压疹子会消退。疹子最早出现于颈部和躯干，很快遍及全身，腰部和臀部较多。皮疹在1～2天内就会消退，不留下色素斑。

在家如何护理

生病时，要让孩子卧床休息，尽量少去户外活动，注意隔离，避免交叉感染。发烧时，要给孩子多喝水，吃容易消化的食物，适当补充B族维生素和维生素C等。如果孩子体温较高，并出现哭闹不止、烦躁等情况，可以给予物理降温。体温超过38.5℃时，要给孩子服用退热药，以免发生高热惊厥。

如果孩子已经确诊为婴幼儿急疹，而且孩子的精神状况比较好，家长就可放心在家里护理，不必一次次往医院跑。得了婴幼儿急疹，必须要经过几天高烧、热退疹出的阶段。带着患病的孩子反复跑医院，不仅于事无补，反而有可能造成交叉感染，使病情复杂化。也不要乱给孩子服药，以免发生药物不良反应，加重病情。

🌼 小贴士

婴幼儿急疹应引起足够重视

婴幼儿急疹是病毒感染引起的，属自限性疾病，治疗不需要使用抗生素，只要加强护理，适当给予对症治疗，几天后就会自己好转。

当孩子高热不退，精神差，出现惊厥、频繁呕吐、脱水等表现时，家长要及时带孩子到医院就诊，以免造成神经系统、循环系统功能损害。

宝宝智力加油站

★ 宝宝真的站起来了

10个月的宝宝已从坐位发展到站位了，并且在这段时间内完成从扶站、独站到扶走，甚至可以独自迈步摇摇晃晃向前走了，这是宝宝动作发展的一个飞跃阶段。站立不仅仅是运动功能的发育，同时也能促进宝宝的智力发展。当宝宝会站立了，视野就更加广阔，看得多了，摸得多了，新奇的探索会使宝宝增加更多的尝试，有利于宝宝的健康成长。

当宝宝能很自若地坐着玩时，他就开始不再满足于坐了，他会主动地想学站，他会向上站起，这时候学站的时机已经成熟了。爸爸妈妈应抓住宝宝运动发育的时机，在此阶段帮助和训练宝宝站立。

训练宝宝学站立

训练宝宝站立时，要由易到难逐渐进行。刚开始时，爸爸妈妈可用双手支撑在宝宝的腋下，让其练习站立。在比较稳定后，可让宝宝扶着床栏站立。慢慢地宝宝就能很稳地扶栏而立，并能自如地站起坐下或坐下站起。

放手让宝宝独站片刻

在宝宝刚开始学站时，爸爸妈妈应注意给予保护，同时要注意检查床栏，防止发生摔伤、坠床等意外事故。这时候，爸爸妈妈可以在宝宝前方放一玩具逗引他，让他学会挪步，移动身体。

当宝宝具备了独站、扶走的能力后，就离会走不远了。

宝宝练习迈步前走

爸爸或妈妈两手握住宝宝的手，然后，自己一步一步往后退，让宝宝慢慢迈步向前走，或让宝宝扶着推车，慢慢向前推，学会迈步。

★ 宝宝动作能力训练

10个月的宝宝，精细动作有了一定程度的发展，宝宝的五指已能分工、配合，并能够根据物体的外形特征较为灵活地运用自己的双手。

训练手眼的协调能力

训练抓捏一些小豆子之类的东西，但妈妈要注意看护，不要让宝宝把东西放到口、鼻、耳中，要让宝宝把拿到的小豆子放在瓶子里。

在宝宝两手各拿一玩具玩耍时，让他有意识地放下手中的，去拿正在递过来的玩具，也可让宝宝把玩具送到指定的地方。

玩具放进去和拿出来

在练习放下和投入的基础上，妈妈可将宝宝的玩具一件一件地放进"百宝箱"里，边做边说"放进去"；然后再一件一件地拿出来，让宝宝一一去模仿。这时，还可以让宝宝从一大堆玩具中挑出一件，如让他将小彩球拿出来，可以连续练习几次。

★ 宝宝语言能力培养

宝宝在这个时期的语言能力特点是能有意识地并正确地发出相应的字音，以表示一个动作：如一个人，如"姨"；或一件物，如"狗"等。

宝宝开始出现说一些难懂的话。能说一句由2~3个字组成的话，但说得含糊不清；还会表演两个幼儿游戏。当妈妈说"欢迎""再见"或"躲猫猫"时，宝宝会用动作表演2个以上。

听音乐、儿歌与故事

爸爸妈妈可以给宝宝放一些儿童乐曲、念一些儿歌，激发宝宝的兴趣和对语言的理解。

学习用品及动作语言

在日常生活中，爸爸妈妈还要通过学习和训练宝宝懂得"给我""拿来""放下""开开"和"关上"的含义，并要懂得什么是"苹果""饼干""衣服"等食品和用品的意思。

★ 宝宝视觉能力培养

10个月的宝宝，视觉能力发育已经有很大变化。

爸爸妈妈应根据这个阶段宝宝视觉发育的特点，来激发宝宝的视觉发育。

指图问答

妈妈将宝宝带到动物园或给一本动物画书，从观察中说出各种动物的特点。如大象的鼻子长、小白兔的耳朵长、洋娃娃的眼睛大等。

妈妈除要告知宝宝图中的动物名称外，还要让宝宝注意观察各种动物的特点，反复学习数次后，可以问"大象有什么？"宝宝会指鼻子作答。但训练的内容每次不宜过多，从一个开始练习，时间1～2分钟，不宜太长，而且必须是宝宝感兴趣的东西，不能强迫宝宝去指认。

图卡游戏

爸爸妈妈可将颜色鲜艳，图案简洁的儿童画，如动物、食物、玩具等贴在方盒的每个面上，让宝宝辨认。

此外，也可以先将一个图案的状况讲给宝宝听，如小鸟有翅膀，会"喳喳"叫，等宝宝记住后，把这个图转变方向，问"喳喳"叫在哪里，这时宝宝会在箱子周围爬来爬去找小鸟的图案。

★ 宝宝听觉能力培养

这个时期，宝宝的听觉特点是能叫"妈妈"而且是有所指的叫声，被问"妈妈在哪儿"时能转头找。在活动中，如果爸妈说"不行"后，宝宝能把活动停下来；当爸爸妈妈说"欢迎"时，他会拍手；说"再见"时，他会挥手。

听音乐认图

经常在播放音乐同时给宝宝看图片或者录像，会形成条件反射，使宝宝从音乐的节奏中结合图的场面对音乐有深刻的印象，也使宝宝逐渐理解音乐的内涵。

敲节拍

妈妈可以给宝宝一根小棍，这时宝宝就会开心地到处敲。妈妈再放音乐，并按节奏拍拍手，看宝宝是否会拿小棍跟着敲击。经过多次鼓励逐渐跟上节拍，培养宝宝的听觉与音乐节奏感。

第一章

0~1岁 宝宝，
妈妈爱你

★ **宝宝触觉能力培养**

宝宝成长到 10 个月以后，能熟练地用拇指和示指的指端捏住类似小丸的小物品，这是一种高难度的动作，它标志着大脑的发展水平，还要多加培养与训练，力求做到精确完美。

这时，爸爸妈妈应该根据宝宝的触觉特点，继续训练他的触觉能力。

（ **大碗和大勺** ）

爸爸或妈妈可以用两个大碗和一个大勺子，让宝宝练习把珠子、枣子、玻璃球等从一个碗舀到另一个碗里。首先让宝宝认识勺子的两面。宝宝经过多次自己试，知道用凹面才能把东西舀起来。

★ **宝宝认知能力培养**

10 个月的宝宝能主动拿掉杯子取出藏在下面的积木玩；能明确地寻找盒内的木珠。

宝宝会认识这么多东西了，妈妈是不是很开心？不要忘记多鼓励他呀，让宝宝有足够的自信心来认识世界！

（ **数手指** ）

对于学过手指儿歌的宝宝，妈妈可以边说儿歌边教宝宝数手指说名称，然后问宝宝"哪个是大拇指？"看看他能否将大拇指伸出；再问"哪个是小指？"看他能否把小指也伸出。然后，学习数 1（伸拇指），2（再伸示指）。通过训练，让宝宝建立最原始的数字概念。

（ **没了，有了** ）

当宝宝会打开盒子和松开纸包时，妈妈可以同宝宝在桌上玩小球和盒子。妈妈将小球放入盒内盖上说"没了"，看看宝宝能否打开盒子取出小球，看到小球时妈妈要高兴地拍手说"有了"。接着，再用白纸将小球轻轻包住说"没了"，如果宝宝能打开纸包将小球取出妈妈要鼓掌说"有了"。

★ 宝宝生活自理能力培养

培养本月宝宝的生活自理能力，主要是训练一些简单的自理方式，比如捧杯喝水、穿脱衣服、自己洗手、自己吃饭、自己整理玩具等。

让宝宝自己吃东西

这个年龄段的宝宝，由爸爸妈妈喂食是很正常的，但是作为家长也应该鼓励宝宝自己动手吃东西。要随时注意宝宝送进嘴中的食物，以免食物过多，发生吞咽困难。

爸爸妈妈还要注意，一定要将食物切成小块，放到宝宝的盘中，鼓励他自己将食物送到嘴中。

培养独立能力

此时，爸爸妈妈应该开始训练宝宝一些基本的生活技能了，培养他的独立性。首先，要使宝宝养成独自玩耍的习惯，在确定宝宝所处的环境是安全的以后，鼓励宝宝一个人独自玩耍，但要时时查看宝宝的情况。其次，鼓励宝宝自己独立去做一些事，在宝宝完成一个新的动作和新的技能时，要给予充分的肯定。

训练排便

一些生活比较有规律的宝宝，到了这个时期，排便时间也变得相对固定。

爸爸妈妈如果细心观察，常常能发现宝宝的排便规律，如果依照其排便规律，训练宝宝坐便盆排便有时候也能成功。

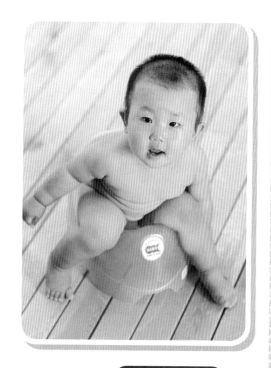

配合穿衣

适合月龄：10～11个月的宝宝

游戏过程：这时宝宝已基本能听懂大人说话，并会随儿歌做动作。因此，这时爸爸妈妈在为宝宝穿衣时，可以让宝宝将手伸入袖子内；穿裤子时，爸爸或妈妈展开裤腿，让宝宝将腿伸入裤内，并让宝宝学习自己将裤腰拉好。

游戏目的：通过训练，让宝宝学习自理，为自己独立穿衣做准备。

★ 宝宝情绪智能调教

这个时期，宝宝的笑容从刚开始单纯的生理满足，逐渐演变为复杂的情绪因素，生活行为也变得丰富起来。

在失望时，宝宝大多会哭泣，这是宝宝对自己的身体无法随心所欲活动而产生的失望情绪。但只要爸爸妈妈在旁给予安慰和鼓励，就可以让宝宝变开朗；相反的，如果大人给予过分的同情或帮助，则会让宝宝失去自信。

个性的成形

到这个月龄，宝宝就往往会故意把玩具扔掉、把报纸撕破、或者把抽屉里的东西都扔出来，每干完一样就高兴一阵子。

这时，爸爸妈妈就要注意对宝宝的个性及情绪进行合理的调教。比如说宝宝喜欢将鞋柜门拉开，并将里面的鞋子一只只拿出来，直到全部拿出来才罢休，完了也会高兴一下。但若是你不让他干或让他干自己不想干的，马上就哇哇乱叫、大哭大闹，甚至打起滚来，这就是不良个性的雏形。

情绪调教

假如因宝宝一哭得凶、闹得厉害就照着他的意志去办，那么久而久之，宝宝不知不觉就会感到有求必应，慢慢会骄横、任性起来。

因此，爸爸妈妈在疼爱的同时还必须让宝宝学会自制、忍耐，不行就不行，不能干的就不给干，可以给一些其他的玩具，转移宝宝的注意力。

第11个月
开始站立和扶走了

养育重点

1. 宝宝进入了语言学习阶段，及时发现舌系带是否过短。

2. 不要和宝宝长时间分开，以免引起宝宝的分离焦虑。

3. 根据宝宝的情绪，训练宝宝排便。

4. 不断更换宝宝的用物，避免宝宝依赖安抚物。

5. 当宝宝摔倒时，让他自己爬起来，锻炼宝宝克服困难的能力。

6. 不要在三餐后喂奶，以免影响正餐的进食。

体格发育监测标准

11个月时		
	男宝宝	女宝宝
身　高	70.1～80.5厘米，平均为75.3厘米	68.8～79.2厘米，平均为74.0厘米
体　重	7.7～11.9千克，平均为9.8千克	7.2～11.2千克，平均为9.2千克
头　围	43.7～48.9厘米，平均为46.3厘米	42.6～47.8厘米，平均为45.2厘米
胸　围	42.2～50.2厘米，平均为46.2厘米	41.1～49.1厘米，平均为45.1厘米

宝宝智能发育记录

大动作发育	这个月龄的宝宝能稳稳地坐较长的时间，能自由地爬到想去的地方，能扶着东西站得很稳
精细动作发育	拇指和示指能协调地拿起小的东西。会招手、摆手、翻书等动作
视觉发育	宝宝看的能力已经很强了，从这个月开始可以让宝宝通过画书上认图、认物，读正确的名称
听力发育	这个月龄的宝宝能听懂简单的语句，有的宝宝可以重复别人的声音
语言能力发育	1. 这个月龄的宝宝能模仿父母说话，说一些简单的词 2. 这个月龄的宝宝已经能够理解常用词语的意思，并会做一些表示词义的动作 3. 喜欢和成人交往，并模仿成人的举动。当他不愉快时会表现出不满意的表情
作息时间安排	这个月龄的宝宝睡眠习惯不会有太大改变，睡眠时间有了显著的个体差异
大小便训练	可以训练宝宝大小便，但不要强迫，如果他一坐上便盆就发脾气那就算了，还需要慢慢来。如果他肯坐，就要给予表扬
睡眠原则	11个月的宝宝每天的睡眠时间为14~15个小时。宝宝大了，可能会边睡边吃手指或吮吸其他物品，应慢慢纠正，不能顺其自然，一旦养成吮吸癖是很难改的

最佳喂养方案

★ 这个时期宝宝主要需要的营养

11个月的宝宝，已经完全适应以一日三餐为主、早晚配方奶为辅的饮食模式。宝宝以三餐为主之后，家长就一定要注意保证宝宝饮食的质量。宝宝出生后是以乳类为主食，经过一年时间终于完全过渡到以谷类为主食。米粥、面条等主食是宝宝补充热量的主要来源，肉泥、菜泥、蛋黄、肝泥、豆腐等含有丰富的无机盐和纤维素，促进新陈代谢，有助于消化。

宝宝的主食有：米粥、软饭、面片、龙须面、馄饨、豆包、小饺子、馒头、面包、糖三角等。每天三餐应变换花样，增进宝宝食欲。

★ 怎样喂养本月的宝宝

这一时期宝宝已经能够适应一日三餐加辅食，营养重心也从配方奶转换为普通食物，但家长需要注意的是，增加食物的种类和数量，还要经常变换主食，要使粥、面条、面包、点心等食物交替出现在宝宝的餐桌上。做法也要更接近婴儿食品，要软、细，做到易于吸收。

小贴士

建议每日营养饮食量

每天2次配方奶约400毫升，逐渐练习不用奶瓶喝配方奶。正餐做到和大人饮食时间统一的一日三餐。水果和奶量是一定要保证的。在两餐中可以给宝宝吃一些点心，但要注意糖和巧克力不要吃，一方面容易导致蛀牙，另一方面容易堵住宝宝的喉咙，引起窒息。

231

★ 注意钙和磷的补充

本阶段的宝宝正处在长牙的高峰时期，而钙和磷可促进人体的骨骼和牙齿的生长发育，因而本阶段妈妈要注意在饮食上多喂宝宝吃一些钙和磷含量较高的食物。

一般情况下，宝宝每天大约需要的钙和磷为600毫克和400毫克。比较适宜宝宝的生长发育的钙与磷摄入的比例为1.5∶1。妈妈在给宝宝添加辅食时应多选用含有大量钙与磷的食物，如奶制品、虾皮、绿叶蔬菜、豆制品、蛋类等。

★ 合理给宝宝吃点心

点心的品种有很多，蛋糕、布丁、甜饼干、咸饼干等都是点心，都可以给这个月的宝宝吃，但是不能给宝宝吃得太多，这样容易造成宝宝不爱吃其他食物。点心一般都很甜，所以，要注意清洁宝宝的牙齿，可以给宝宝温水喝，教宝宝漱口、刷牙。

小贴士

给宝宝吃点心要定时定量

点心不能宝宝想吃的时候就给，最好定时，下午3时左右，宝宝喝牛奶的时候给宝宝吃点心是可以的。但是肥胖的宝宝最好不要吃这些点心，可以给宝宝吃一些水果。

★ 养成良好的进餐习惯

按时进餐

宝宝的进餐次数、进餐时间要有规律，到该吃饭的时间，就应喂他吃，吃得好时就应赞扬他，若宝宝不想吃，也不要强迫他吃，长时间坚持下去，就能养成定时进餐的习惯。

避免挑食和偏食

每餐主食、鱼、肉、水果搭配好，鼓励宝宝多吃些种类，并且要细咀嚼。饭前不给吃零食，不喝水，以免影响食欲和消化能力。

训练宝宝使用餐具

训练宝宝自己握奶瓶喝水、喝奶，自己用手拿饼干吃，训练正确的握匙姿势和用匙盛饭，为以后独立进餐做准备。

培养饮食卫生习惯

餐前都要引导宝宝洗手、洗脸，围上围嘴，培养宝宝爱清洁、讲卫生的习惯。吃饭时不要玩，大人不要和宝宝逗笑，不要分散宝宝的注意力，更不能让宝宝边吃边玩。

宝宝营养食谱

百合煮香芋

材料：芋头 100 克，百合 50 克，椰浆 2 小匙。

做法：

1. 将芋头去掉皮，切成小三角块，用热油炸熟备用。

2. 坐锅点火放入油，油热后倒入百合爆炒，再加入清汤、芋头煮 10 分钟。

3. 最后放入椰浆，续煮 1 分钟即可。

鸡肉卷

材料：鸡肉 100 克，鸡蛋 1/2 个，胡萝卜 10 克，玉米粒、豌豆、淀粉各 1 小匙，水 1 杯。

做法：

1. 将胡萝卜洗净，去皮后切小丁；豌豆与玉米粒洗净。

2. 鸡肉洗净压干水分，剁成泥，放入大碗中，加入所有材料拌匀。

3. 用铝箔纸包卷成圆圈状，放入电热锅中，锅里加入 1 杯水煮至开关挑起，取出切片即可。

木瓜奶汤

材料：木瓜 1/2 个，配方奶 2 大匙。

做法：

1. 木瓜去掉子，再切成条，用水果刀将木瓜条横划几刀，抓住条的两端，翻面切成去掉皮的木瓜块。

2. 木瓜加调好的配方奶置蒸锅蒸 10~15 分钟，稍冷即可喂食。

★ 做好宝宝的情绪护理

不要过分溺爱

有时候父母的精心呵护反而会"伤"了宝宝。比如，有些父母总怕宝宝走路会摔倒，会累着，于是喜欢用车推着宝宝或是抱着宝宝。这样一来，宝宝活动量小，协调能力、大肌肉的锻炼都不够，活动能力就特别差。宝宝吃饭、穿衣、收拾玩具，家人总是包办代替，会造成宝宝的动手能力和自理能力差；宝宝和小朋友发生争执，父母挺身而出，为宝宝讨公道，这种看似对宝宝的爱，会使宝宝今后生活能力差，社交能力差，不敢面对外面的社会。

正确做法是：放开手，让宝宝自己收拾玩具，自己吃饭，摔倒后自己爬起来，这样能使宝宝更快乐，更有成就感。

不要过分专制

有的父母认为管教宝宝就要从小做起，让宝宝绝对服从父母的意志。宝宝想要红色的玩具，妈妈却认为绿色的好看，于是买下绿色的。时间长了，宝宝就会变得畏畏缩缩，从而局限了宝宝的智力发展。

正确做法是：如果宝宝提出的要求合理，尽量尊重宝宝的选择，而不要把大人的思维强加给宝宝。

★ 避免学步车带来的危害

在宝宝 10～11 个月时，大多数已开始蹒跚学步了。这时很多父母会给宝宝买学步车来帮宝宝学走路，但是学步车在为宝宝学走路提供了便利的同时，也会给宝宝带来一些安全隐患。所以宝宝在使用学步车时也要加强保护。

学步车的各部位要牢固，以防在碰撞过程中发生车体损坏、车轮脱落等事故，而且学步车的高度要适中，车轮不要过滑。为防止翻倒，学步车至少应该有 6 个轮子。为获得最大的稳定性，轮子所在的底部应该比步行器的高度高。要经常检查学步车的每一个车轮，确保它们能360 度地旋转。

要为宝宝创造一个练习走路的空间，这一空间地面不要过滑，不要有坡度，不能有带棱角的东西，不能有凹形凸形的家具，不能有宝宝随手够到的小物品等。宝宝不应该去的地方应有一障碍物阻挡。更不要把学步车当成宝宝的"临时保姆"，在宝宝学步期间家长切不可掉以轻心，要随时保护。宝宝的学步时间不宜过长，否则会使宝宝的腿部变形。

家庭医生

★ 小心宝宝睡觉的另类声音

磨牙

对健康的影响

磨牙会使宝宝的面部过度疲劳，吃饭、说话时会引起下颌关节和局部肌肉酸痛，张口时下颌关节还会发出响声，使宝宝感到不舒服。磨牙还会使宝宝咀嚼肌增粗，下端变大，导致脸型发生变化，影响外观。

原因及解决方法

1. 宝宝患有蛔虫病，由于蛔虫扰动使肠壁不断受到刺激，也会引起咀嚼肌的反射性收缩而出现磨牙。这时应及时为宝宝驱虫。

2. 宝宝因为白天受到父母的训斥，或是睡前过于激动，而使大脑管理咀嚼肌的部分处于兴奋状态，于是睡着后会不断地做咀嚼动作。这时父母尽量不要给宝宝压力，给宝宝营造一个舒适的家庭环境。

3. 宝宝换牙期间，如果因为营养不良，先天个别牙齿缺失，或是患了佝偻病等，牙齿发育不良，上下牙接触时会发生咬合面不平，也会出现磨牙现象。请口腔科的医生检查一下宝宝是否有牙齿咬合不良的情况，如果有，需磨去牙齿的高点，并配制牙垫，晚上戴后可以减少磨牙。

说梦话

对健康的影响

经常说梦话的宝宝往往有情绪紧张、焦虑、不安等问题，有时还会影响宝宝的睡眠质量。

原因及解决方法

说梦话与脑的成熟、心理机能的发展有较密切的关系，主要是由于宝宝大脑神经的发育还不健全，有时因为疲劳，或晚上吃得太饱，或听到、看到一些恐怖的语言、电影等引起的。如果宝宝经常说梦话，在宝宝入睡前不要让宝宝做剧烈运动，不让宝宝看打斗和恐怖电视。

如果宝宝白天玩得太兴奋，可以让宝宝在睡觉前做放松练习，使宝宝平静下来，或者给宝宝喝一杯热牛奶，有镇静安神的功效。

★ 误服药物后的应急处理

药物种类	举例	应急处理
不良反应或毒性较小的药物	维生素、止咳糖浆	多喝开水，使药物稀释并及时排出体外
有剂量限制的药物	安眠药、某些解痉药、退热镇痛药、抗生素及避孕药	迅速催吐，然后再喝大量茶水反复呕吐洗胃；催吐和洗胃后，让宝宝喝几杯牛奶和3～5枚生鸡蛋清，以养胃解毒
腐蚀性很强的药物	来苏儿或苯酚	让宝宝喝3～5枚生鸡蛋清、牛奶、稠米汤或植物油，从而减轻消毒药水对人体的伤害
碱性药物	复方氢氧化铝、小苏打、健胃片	服用食醋、柠檬汁、橘汁进行中和
酸性药物	葡萄糖酸钙、阿司匹林	服用生蛋清、冷牛奶进行中和
外用药	碘酒	饮用米汤、面汤等含淀粉的液体，以生成碘化淀粉减小毒性，然后反复催吐，直到呕吐物不显蓝色

宝宝智力加油站

★ 让宝宝勇敢迈出第一步

宝宝开始蹒跚学步是可喜的事情。这时，爸爸妈妈不要怕宝宝摔倒，要鼓励他大胆地进行尝试。

行走是靠两条腿交替向前迈进，每走一步都需要变换重心才能步伐稳健。宝宝初学走路，往往就是在摸索如何掌握好重心来协调行走的步伐。宝宝一般在 10 个月后，经过扶栏的站立已能扶着床栏横着走了，到了 11 个月时，这个动作就基本掌握得很好了，可以开始实际的走路训练了。

学步应当顺应宝宝的发育水平和能力，循序渐进。爸爸妈妈不要急于求成；更不能怕宝宝摔跤、磕碰，而久久不敢放手，以至于影响宝宝正常的成长发育。

该出手时就出手

让宝宝学走路，爸爸妈妈应该大胆地放手，从以下方法培养宝宝迈步能力。在学站时，宝宝可能不放开爸爸或妈妈的手或者哭着让大人帮忙，因为他自己不敢坐下去。这时，先别急着抱他或扶他坐下，此时宝宝需要的是你来告诉他如何弯曲膝盖，这是学习站立继而学习走路的一个重要的环节。这时，爸爸或妈妈可以跪在宝宝的前面，伸出双手拉住他的手，鼓励他迈步，朝你走来。

也可以站在宝宝后面，用双手扶住他的腋窝处，跟着他一起走。开始时，宝宝或许需要你用力扶住，之后你只需用一点点力，宝宝就能自己往前走了。

学走路也意味着摔跤和受伤的机会增多了，爸爸妈妈要为宝宝准备一个相对安全的环境，减少他磕碰的机会，并且尽量让宝宝在你的视线范围内活动，而且随时做好"救援"准备。

蹒跚练习

妈妈可拉住宝宝的双手或一只手让他学迈步，也可在宝宝的后方扶住宝宝的腋下，让宝宝向前走。锻炼一个阶段后，宝宝慢慢就能开始独立的尝试，妈妈可以站在宝宝面前，鼓励宝宝向前走。

开始的时候，宝宝可能会步态蹒跚，向前倾着，跌跌撞撞扑向妈妈的怀中，收不住脚，这是很正常的表现，因为重心还没有掌握好。这时妈妈要继续帮助他练习，让宝宝大胆地走第二次、第三次。渐渐地熟能生巧，宝宝会越走越稳，越走越远，用不多长时间，就能独立行走了。

变换重心

教宝宝学走路，首先要教他学会变换身体重心。因为人的行走是用两条腿交替向前迈步的，每迈出一步都需要变换重心。

先让宝宝靠墙站立好，妈妈退后两步，伸开双手鼓励他："宝宝走过来，走到妈妈这儿来。"当宝宝第一次迈步时，需向前迎一下，避免在第一次尝试时就摔倒；以后再进行第二次、第三次了。如果宝宝成功地迈出了第一步，就可以逐渐加大距离，并对宝宝每次的成功都给予鼓励。

通过以上训练，宝宝很快就能掌握两腿交替向前迈步时的重心移动，用不了多长时间宝宝就会走路了。

言语鼓励

当宝宝可以独立行走，但只能迈出几步时，爸爸妈妈要随时调整作为扶持物的家具、栏杆间的距离，逐渐延长宝宝行走的距离。

当宝宝可以放开手脚迈步走时，给他准备小皮球或可以发出声响的拖拉玩具以鼓励宝宝多走，用增加难度、设置障碍物的方法提高宝宝的平衡和协调能力，让宝宝走得更好、更稳。

保持正确姿势

爸爸妈妈应该从宝宝学走第一步起，就让他有个正确的姿势。

行走能促进宝宝血液循环，加快呼吸，锻炼下肢肌肉。宝宝开始走路的同时还能迅速成长起来。

9 条建议帮助宝宝顺利学步

1. 蹬蹬腿脚	平时，爸爸或妈妈可以经常用双手托住宝宝的腋下，托起宝宝，让他做蹬腿弹跳动作，练习宝宝腿部的伸展能力
2. 做做仰卧起坐	要练习宝宝的肌力，爸爸妈妈还可以与宝宝做仰卧起坐运动。宝宝仰卧，爸爸拉着宝宝的双手做以下动作：坐起—站立—坐下—躺下，如此反复几次。注意拉宝宝的双手不能太用力，以防用力不当造成宝宝脱臼
3. 从爬行开始	爬行可以锻炼宝宝腿部肌肉的张力和力量，有利于学步。因此，爸爸妈妈可以经常让宝宝在地板或硬的垫子上爬行，可利用玩具进行诱导
4. 抓拿玩具，攀攀爬爬	站立是走的前提，爸爸妈妈可以将宝宝喜欢的玩具放在与宝宝高度差不多的沙发或茶几上，鼓励他扶着站起来抓取玩具，还可以把玩具放在沙发上或拿在爸爸妈妈的手里，鼓励宝宝攀爬
5. 营养储备	宝宝在学走路，骨骼发育要跟得上，更要有足够的体能，这个时期要多给宝宝吃含钙食物，保证宝宝骨骼的正常发育，为学步加分
6. 练习放手站立	宝宝开始会因为害怕不愿意放手站立，爸爸妈妈可以递给宝宝单手拿不住的玩具，如皮球、布娃娃等，让宝宝不知不觉放开双手，独自站立。也可以把玩具放在另一边，逗引宝宝转动身体，独自站立
7. 蹲在宝宝的前方	当宝宝扶着会走后，爸爸妈妈可以蹲在宝宝的前方，展开双臂或者用玩具，鼓励宝宝过来，先是一两步，再一点点增加距离。等宝宝敢走后，爸爸妈妈可以分别站在两头，让宝宝在中间来回走
8. 扶走训练	培养宝宝的学步能力，爸爸妈妈可以让宝宝多在扶走的环境里活动，比如让宝宝扶着墙面、沙发、茶几、小床、栏杆、学步的推车、轻巧的凳子移步
9. 多鼓励	宝宝学走路时，摔倒是不可避免的。这时，爸爸妈妈不宜过度紧张，过度紧张反而会加剧宝宝对学步的恐惧。因此，当宝宝学步跌倒时，爸爸妈妈应给予安抚和鼓励，让宝宝有安全感，并有继续迈步的信心

★ **宝宝牙牙学语与视听觉训练**

这个月宝宝的语言能力可能会有突飞猛进的变化，能够有意识地发出单字的音，可以含含糊糊地讲话了，听上去像在交谈似的；并且能有意识地表示一个特定的意思或动作，如"要"表示要什么东西。

在视觉上，如果给宝宝一本动物画书，宝宝能够准确地找出对应的动物；在听觉发育上，宝宝能够在听了一段音乐之后，模仿其中的一些音。

培养宝宝的语言能力

11个月的宝宝，爸爸妈妈要给他创造说话的条件，如果宝宝仍用表情、手势或动作提出要求，爸爸妈妈就不要理睬他，要拒绝他，使他不得不使用语言。

如果宝宝发音不准，要及时纠正，帮他讲清楚，不要笑话他，否则他会不愿或不敢再说话。根据这个阶段宝宝语言发育的特点，爸爸妈妈应该采用激发的方式来培养宝宝的语言能力。

培养语言美

这个时期宝宝的模仿能力很强，听见骂人的话也会模仿，由于这时宝宝的头脑中还没有是非观念，他并不知道这样做对不对。

通过训练宝宝听觉，可以培养宝宝的注意力和愉快情绪，也有利于宝宝语言能力的发展。

说出来再给

当宝宝指着他想要的东西向爸爸或妈妈伸手时，这时就要鼓励宝宝把指着的东西发出声音来，并教他把打手势与发音结合，到最后用词代替手势，这样再把宝宝想要的东西递给他。经过多次努力的训练，宝宝掌握的词汇就会越来越多，语言能力也就开始越来越强。

学回答

在培养宝宝的语言能力的时候，还要让宝宝学会回答。平时爸爸妈妈叫宝宝的名字时，宝宝会转头去看看是谁在叫自己，这时爸爸妈妈要帮助宝宝回答："哎"。有时宝宝看到大人之间互相呼唤时也会回答"哎"，所以宝宝也学会用"哎"作答。

若爸爸妈妈能经常叫宝宝的名字，让他多次作答，以后凡是有人叫他的名字，他都会出声做答。

宝宝的视觉能力训练

在宝宝的所有感官中，眼睛是一个最主动、最活跃、最重要的感觉器官，大部分信息都是通过眼睛向大脑传递的。因此，视力的发育正常与否非常重要。这个时期是宝宝视觉的色彩期，这时宝宝能准确分辨红、绿、黄、蓝四色。

这时宝宝除了睡眠外，都在积极地运用视觉器官观察周围环境，这时宝宝视觉器官运动不够协调、灵活，绝大多数宝宝的视力呈远视型。有时，当宝宝注意观察某一事物时，常会出现一只眼偏左，一只眼偏右或两眼对在一起的情况。

左、右眼协调，防止对视与斜视

防止对视与斜视，a 就要让左右眼相互协调。对此，爸爸妈妈可以利用宝宝最喜欢的玩具与宝宝玩"捉迷藏"的游戏，通过不停地变换这一玩具出现的位置，训练宝宝迅速改变视觉方位，协调左、右眼的灵活运转。

为了丰富内容，吸引宝宝的注意力，爸爸妈妈还可以将玩具系在绳上，在宝宝眼前先做有规律的水平方向移动和垂直方向移动，然后再逐步过渡到水平与垂直方向交替进行。速度要先慢后快，以训练宝宝眼睛追逐左右、上下变化物体的能力。

指图特点部分

给宝宝一本动物图画书，让宝宝注意观察各种动物的特点，反复学习数次后，可以问"大象什么最长啊？""大熊猫的眼睛呢？"让宝宝一一指出作答。在训练时，内容每次不宜过多，从一个开始练习，时间 1～2 分钟即可，时间不宜太长而且必须是宝宝感兴趣的东西，不能强迫指认通过观察、对比，提高宝宝视力、认知及分析和理解的能力。

宝宝的听觉能力训练

11个月的宝宝，不但视力有了变化，听力发育也越来越好。宝宝现在已经会听名称指物，当被问到宝宝熟悉的东西或图片时，会用小手去指了。

宝宝成长到11个月之后，在听力上能够听了一段音乐之后模仿其中的一些声音；并且在听了动物的叫声以后，也可以模仿动物的叫声。这个时期，爸爸妈妈应根据这个阶段宝宝听觉发育的特点，来开发宝宝的听觉发育。

指认动物

布置一些宝宝所熟悉的动物玩具或图片，爸爸妈妈告诉宝宝动物的名称和叫声，然后问"小鸭子在哪里？"让宝宝用眼睛找，用手指出，并模仿"嘎、嘎"的叫声。然后，小鸡、小狗、小猫、小羊等类推就可以了。

音乐环境

培养宝宝的听力，爸爸妈妈可以播放一些儿童乐曲，提供一个优美、温柔和宁静的音乐环境，提高宝宝对音乐歌曲的理解。

★ 宝宝社交能力发展与训练

这时宝宝会有目的地掷玩具，大人在桌子上摆着玩具，宝宝在玩玩具时，往往会故意把玩具掷在地上，宝宝希望大人能帮他拾起玩具，然后他还会将玩具掷在地上，在这过程中体会自己行为与表现，并会感到快乐。

这时宝宝的执拗行为发生较多，常使爸爸妈妈感觉宝宝越来越不"听话"。但是宝宝并不理解爸妈讲的"不"这个词。宝宝会与大人玩推球的游戏，这是与人交往的能力发展的表现。这时期，爸爸妈妈更要对宝宝的交往能力加以训练。

平行游戏

这时爸爸妈妈可以让宝宝与小伙伴或大人一起玩，并找出相同玩具同小朋友一块玩，培养宝宝愉快的交往情绪。此外，一些学步的宝宝如果能在一起各拉各的玩具学走，还能互相模仿，更能促进交往能力的发展。

随声舞动

爸爸妈妈可以经常给宝宝听节奏明快的音乐或给他念押韵的儿歌，让宝宝随声点头、拍手。此外，爸爸妈妈也可用手扶着宝宝的两只胳膊，左右摇身，多次重复后，宝宝能随音乐的节奏做简单的动作。

第一章

0~1岁 宝宝，妈妈爱你

★ 宝宝为何喜欢扔或敲打东西

扔东西

宝宝把放到他手中的东西一次又一次地扔到地上，并从中得到极大的满足和快感。同时，他也将这种扔东西行为当做一项"科学实验"，看看东西被自己扔出去后，会有什么反应。

如果这时爸爸妈妈或其他人，在旁不停地帮他拾起来给他，宝宝会扔得更欢，扔得更高兴，他认为这是一种可以两个人玩的游戏，而且乐此不疲。如果爸爸妈妈想结束这种现象，那最好的办法是将宝宝放到干净的地板上玩，让他自己扔，自己拾。另外，爸爸妈妈还可以教育宝宝什么可扔着玩，什么不可以扔。将宝宝的扔物兴趣正确地引导到游戏和日常生活中去。比如，将玩具扔进玩具箱或和大人一起玩扔皮球、扔废纸进纸篓等游戏。

一般而言，过了这一阶段，宝宝就能逐渐学会了正确玩玩具、翻看图书，宝宝的兴趣和注意力会逐渐转移到其他许多更有趣的活动中，扔东西、撕纸片的行为就会自然消失了。

打东西

一般，这个时期的宝宝要了解各种各样的物体，了解物体与物体之间的相互关系，了解他的动作所能产生的结果，通过敲打不同的物体，使他知道这样做就能产生不同的声响，而且会发现自己用力强弱如果不同，产生音响的效果也不同。

比如，宝宝用木块敲打桌子，会发出"啪啪"的声音；而他敲打铁锅则发出"当当"声；一手拿一块对着敲，声音似乎更为奇妙。于是，宝宝很快就学会选择敲打物品，学会控制敲打的力量，发展了动作的协调性。这时，如果爸爸妈妈能理解宝宝为什么爱敲打东西的原因，就会积极地帮助宝宝发展这一探索性活动。

其实，对这个年龄的宝宝来说，爸爸妈妈没有必要去购买高档的新玩具，只需找一些玩具锤子、玩具小铁锅、纸盒之类的东西就足够了，这就能够使宝宝的个性与成长发育得到很好的开发。

第12个月
会迈步了

养育重点

1. 定期对宝宝的玩具进行消毒，减少病从口入的机会。

2. 培养宝宝阅读的好习惯。

3. 对宝宝下达简单的指令，使宝宝获得满足感，增强自信心。

4. 选择合适的时机断母乳。

5. 保证断奶后的营养。

6. 营造一个愉快的进餐环境。

7. 不要打击宝宝的探索欲望。

8. 训练大小便要循序渐进。

体格发育监测标准

12 个月时		
	男宝宝	**女宝宝**
身　高	71.9～82.7厘米，平均为77.3厘米	70.3～81.5厘米，平均为75.9厘米
体　重	8.0～12.2千克，平均为10.1千克	7.4～11.6千克，平均为9.5千克
头　围	43.9～49.1厘米，平均为46.5厘米	43.0～47.8厘米，平均为45.4厘米
胸　围	42.5～50.5厘米，平均为46.5厘米	41.4～49.4厘米，平均为45.4厘米

宝宝智能发育记录

| 大动作发育 | 这个时期的宝宝坐着时能自由地左右转动身体，能独自站立，扶着一只手能走，推着小车能向前走 |

精细动作发育　能用手捏起扣子、花生米等小东西，并会试探地往瓶子里装，能从盒子里拿出东西然后再放回去。双手摆弄玩具很灵活

视觉发育　要注意培养宝宝的注意力，训练方法是给宝宝看一些他感兴趣的东西，这样他就能很好地集中注意力，达到学习的目的

听力发育　听力进一步增强，会对指令做正确的反应，能准确地说出说"爸爸""妈妈""滴滴"等双音节词语

语言能力发育　这个时期的宝宝喜欢"嘟嘟叽叽"地说话，听上去像在交谈。能把语言和表情结合起来，他不想要的东西，他会一边摇头一边说"不"。这时宝宝不仅能够理解父母很多话，对父母说话的语调也能理解。宝宝还不能说出他理解的词，常常用他的语音说话

作息时间安排　这个时期的宝宝喜欢和父母在一起玩游戏、看书画，听父母给他讲故事。喜欢玩藏东西的游戏，喜欢认真仔细地摆弄玩具和观赏实物，因此应增加亲子早教时间

大小便训练　由于尿便中的酶会侵蚀皮肤，引起感染。所以大小便完了之后要及时清洗

睡眠原则
1. 这个月龄的宝宝白天睡1~2次，每日睡眠时间为14~15个小时
2. 到了1岁，让宝宝平静下来上床睡觉变得越来越难。但是还是要坚持以往的就寝程序，这对培养宝宝良好的睡眠习惯很重要

最佳喂养方案

★ 这个时期宝宝主要需要的营养

12个月的宝宝，已经完全适应以一日三餐为主、早晚配方奶为辅的饮食模式。米粥、面条等主食是宝宝补充热量的主要来源，肉泥、菜泥、蛋黄等还有丰富的维生素、无机盐，促进新陈代谢，有助于消化。

★ 怎样喂养本月的宝宝

这个月的宝宝最省事的喂养方式是每日三餐都和大人一起吃，加两次配方奶，有条件的话，加两次点心、水果，如果没有这样的时间，就把水果放在三餐主食以后。有母乳的，可在早起后、午睡前、晚睡前、夜间醒来时喂奶，尽量不在三餐前后喂，以免影响进餐。

★ 多给宝宝吃一些天然食物

相对而言，未经过人工处理的食物营养成分保持得最好。而处在婴幼儿期的宝宝正处在身体发育的旺盛阶段，所需要的营养很多，而且品质相对也要高很多。但那些经过人工处理过的食物，通常都会流失掉近一半的营养，这对宝宝的成长显然是不利的。更为关键的是，那些已经经过人工处理的食物，往往会人为地添加很多未被确定的物质，而且这些物质大多对人体健康不利。

小贴士

应为宝宝选择天然食物

值得妈妈注意的是，此阶段宝宝的代谢能力还比较弱，如果吃了加工食物，由于无法快速代谢出体外，就会对宝宝的身体健康产生影响，甚至会导致宝宝患上疾病。因而，给宝宝吃的食物最好是未经人工处理的食物，给宝宝做食物时尽量采用新鲜食材和用煮、蒸的做法，尽量避免煎、炸食物给宝宝吃。

第一章
0~1岁 宝宝，妈妈爱你

★ **宝宝饮食禁忌**

少让宝宝吃盐和糖

1岁之前的宝宝辅食中不应该有盐和糖，1岁以后宝宝的辅食可以放少量盐和糖。盐是由钠元素和氯元素构成的，如果摄入过多，而宝宝肾脏又没有发育成熟，没有能力排出多余的钠，就会加重肾脏的负担，对宝宝的身体有着极大的伤害，宝宝将来就可能患上复发性高血压病。并且摄入盐分过多，体内的钾就会随着尿液流失，宝宝体内缺钾能引起心脏衰竭，而吃糖会损害宝宝的牙齿。

所以，家长要注意，最好给宝宝少添加这两种调料。

不要拿鸡蛋代替主食

12个月的宝宝，鸡蛋仍然不能代替主食。有些家长认为鸡蛋营养丰富，能给宝宝带来强壮的身体，所以，每顿都给宝宝吃鸡蛋。

这时候宝宝的消化系统还很稚嫩，各种消化酶分泌还很少，如果每顿都吃鸡蛋，会增加宝宝胃肠的负担，严重时还会引起宝宝消化不良、腹泻。

宝宝营养食谱

猪肝萝卜泥

材料： 猪肝 50 克，豆腐 1/2 块，胡萝卜 1/4 根，清水适量。

做法：

1. 锅置火上，加清水烧热，加入猪肝煮熟，捞出之后用匙刮碎。

2. 胡萝卜蒸熟后压成泥。

3. 将胡萝卜和猪肝合在一起，放在锅里再蒸一会儿即可。

肉末茄泥

材料： 茄子 1/3 个，瘦肉末 1 匙，水淀粉少许，蒜 1/4 瓣，盐少许。

做法：

1. 将蒜瓣剁碎，加入瘦肉末中，用水淀粉和盐搅拌均匀，腌 20 分钟。

2. 茄子横切 1/3，取带皮部分较多的那半，茄肉部分朝上放碗内。

3. 将腌好的瘦肉末放在茄肉上，上锅蒸烂即可。

煮挂面

材料： 挂面 10 克，鸡胸脯肉 5 克，胡萝卜 1/5 克，菠菜 1 根，高汤 1 杯，淀粉适量。

做法：

1. 将鸡肉剁碎用芡粉抓好，放入用高汤煮软的胡萝卜和菠菜做的汤中煮熟。

2. 加入已煮熟的切成小段的挂面，煮两分钟即可。

日常护理指南

★ 宝宝学走时间表

月龄	测试题
8个月：努力扶物站立	宝宝会抓着身边的一切可以利用的东西站起来。一旦第一次站立成功了，他就不再满足于规规矩矩地坐着了。随后，他开始练习爬行，练习扶物行走，这样一来，宝宝就可以去够到自己感兴趣的东西了
9~10个月：学会蹲	宝宝开始学习如何弯曲膝盖蹲下去，如果站累了怎么样坐下
11个月：自由伸展	此时，宝宝很可能已经能够独自站立、弯腰和下蹲了
13个月：蹒跚学步	大约有3/4的宝宝可以在这个阶段摇摇晃晃地自己走了，但也有些宝宝直到16个月才能自己走
14个月：熟练地走路	宝宝能够独自站立，蹲下再起来，甚至有的宝宝能够倒退一两步拿东西
15个月：自由地行走	大部分的宝宝能够走得比较熟练，喜欢边走边推着或拉着玩具

★ 不同阶段的牙刷

指套牙刷

宝宝嘴里残留的奶水、辅食等，都是细菌的营养液。细菌滋生，轻者引起口臭，重者的可能引起口腔疾病，因此，最好每次宝宝吃东西后都能清洁一下口腔。

宝宝没长牙或刚开始长牙，全硅胶制成的指套牙刷是最合适的工具。

纱布牙刷（适合4～12颗牙）

比较好的选择是用纱布牙刷，非常地耐啃咬，而且价格上比软毛牙刷要便宜，经常更换也花不了多少钱。

硅胶牙刷（适合8～20颗牙）

硅胶幼儿牙刷非常好用，刷毛细，清洁效果更优，而且整把牙刷都是硅胶制成的，所以，不怕宝宝咬。

★ 给宝宝喂药不再犯难

宝宝生病时，可能比平时容易激动、烦闷，更需要家人的关怀。现在大部分给宝宝服用的药物都已经添加了糖果的成分，宝宝比较容易接受。但是，如果宝宝还是不喜欢服药，下面的一些方法可能有帮助。

给宝宝喂药小技巧	
1	准备好宝宝喜欢的食物，让他服完药后食用，以去除药物的味道。在给宝宝服药时要多多鼓励宝宝，服药后要给宝宝适当的奖赏和赞扬
2	尽量在喂药时，将药物喂入宝宝的舌后端。因为味蕾都在舌前部，所以，将药喂入舌后部，宝宝就不会感觉到药味太强
3	不可以欺骗让宝宝服药，应该告诉宝宝吃药的原因：吃药病就会好起来，身体上的不适就会减轻。让宝宝学会接受服药
4	服药时，可以捏起宝宝的鼻子，让他闻不出药味，减少他对药味的厌恶感和排斥
5	如果在喂药时，宝宝一直乱动，可以请家人帮忙抓住宝宝或抱住他，以防他乱动

家庭医生

★ 留心宝宝的睡态信号

宝宝睡眠中的疾病征兆	
1	如果宝宝入睡后撩衣蹬被，并伴有两颧骨部位及口唇发红、口渴、喜欢喝冷饮或者大量喝水，有的宝宝还有手足心发热等症状。这提示宝宝多半患上了呼吸系统的疾病，如感冒、肺炎、肺结核等。家长应尽早带宝宝去医院诊治
2	宝宝入睡后翻来覆去，反复折腾，常伴有口臭气促、腹部胀满、舌苔黄厚、大便干燥等症状。应该谨防宝宝患上胃炎、胃溃疡等胃肠道疾病，应该及早去看医生
3	宝宝睡眠时哭闹不停，时常摇头、用手抓耳，有时还伴有发热现象。可能是宝宝患上了外耳道炎、湿疹或是中耳炎，应及时带宝宝去医院耳科诊治
4	宝宝入睡后用手搔抓屁股。这可能是蛲虫病的表现，应带宝宝到医院就诊，及时医治

★ 7招应对宝宝厌食

1. 适当降温

夏天宝宝常一顿奶喝完就满头大汗，热得没有食欲。为改善这种情况，妈妈可以在喂奶时，在宝宝的脖子下垫一块毛巾，隔热吸汗，或选择在25℃～27℃的舒适空调房里给宝宝喂奶。

2. 腹部按摩

宝宝肠胃消化功能弱，容易发生肠胀气。适当的腹部按摩可以促进宝宝肠蠕动，有助于消化。

具体步骤：宝宝进食1小时以后，让宝宝仰卧躺下；手指蘸少量宝宝油抹在宝宝肚子上作润滑；右手并拢，以肚脐为中心，用4个手指的指腹按在宝宝的腹部，并按顺时针方向，来回划圈100次左右。

3. 补充益生菌

这个阶段的宝宝，在高温的影响下容易发生肠道菌群的紊乱。

适量给宝宝补充益生菌，有助于肠道对食物的消化吸收，以维持正常的运动，从而增进食欲。

4. 少吃多餐

对食欲不佳的宝宝也不要勉强。每次喝奶的量变少了，那就适当增加一两顿午间餐，尽量保证每天的总奶量达标就可以。

5. 准备清火营养粥

宝宝开始长牙时，咀嚼能力尚弱。熬一些消暑、健脾的粥给宝宝吃，可以营养、训练两不误。如绿豆百合粥、红豆薏米粥等。

6. 餐前两小时不吃零食

适度的饥饿感可以让宝宝食欲增强，餐前2小时内不要给宝宝吃零食、喝果汁，哪怕是两块小饼干，也会大大影响宝宝的食欲。要知道，"饥饿"是最好的下饭菜。

7. 食物补锌

宝宝在夏天容易出汗，易导致锌元素的流失，缺锌会引起厌食。可为宝宝补充一些含锌量高的食物，如把杏仁、莲子一类的干果磨成粉，做成辅食给宝宝食用。

缺锌情况严重的宝宝，也可适当服用一些补锌的保健品。

第一章
0~1岁 宝宝，妈妈爱你

★ 破伤风的防治护理

病症

破伤风是一种严重影响到中枢神经的传染病，发病的原因是细菌孢子经伤口进入身体后造成感染，在发达国家，本病由于免疫接种而很少发生。破伤风在 3～21 天的潜伏期后，患儿出现的症状有：牙关紧闭，不能张嘴，出现吞咽困难，面部肌肉收缩，患儿呈苦笑面容。一般在 10～14 天内，颈、背、腹、肢的肌肉痉挛性收缩，同时可引起呼吸困难。

处理方法

如果宝宝出现破伤风的症状，应立即入院接受治疗。破伤风程度较轻可吃少量的食物，使用镇静药物。如果很严重必须做气管切开术，以利于患儿呼吸。使用肌肉松弛剂和镇定药物以解除肌肉的痉挛，使用人工通气设备保障呼吸。

小贴士

破伤风应提前预防

预防破伤风的发生，早期给宝宝做常规破伤风免疫接种（宝宝在 3、4、5、18 月龄应接种 4 次疫苗，在宝宝入小学前再加强 1 次），一旦宝宝有深度创伤，不要等到出现症状，应马上带宝宝到附近医院的急诊部。为了预防此病的发生，医生可能会给伤口做手术，取出异物和坏死组织，可能还会给宝宝注射抗破伤风血清。

宝宝智力加油站

★ 宝宝阅读识字训练

书籍是宝宝的快乐伙伴，使宝宝们从书中感知世界，认识和了解生活。从零岁开始，书籍就应该走入宝宝的生活，另外，识字对宝宝来说也很重要。汉字是瑰宝，婴幼儿是探宝的"天才"，只要给予识字环境，使用恰当的教育方法，他们就能像学会口语一样，掌握汉字，进入阅读。

爸爸妈妈应该及时开发宝宝阅读与识字的能力。

宝宝早期阅读能力开发

早期阅读从婴儿4个月就可以逐步开始，对于宝宝阅读的引导，要根据幼儿身心发展的特点进行，爸爸妈妈不能操之过急。

通常，9个月到2岁的宝宝活泼好动，往往会把书作为玩具，喜欢撕书、咬书、玩书，这时爸爸妈妈不必干涉。因为，这一阶段正是宝宝的潜阅读时期和语言的萌芽期，爸爸妈妈的任务就是让宝宝对书感兴趣，让宝宝从小就喜欢书，不要以大人的要求去约束宝宝。

色彩鲜艳、图文并茂，并且其中的故事内容通俗易懂、富有幽默感，语言要浅显生动，朗朗上口，易学易记的图书，都很适合宝宝阅读。

有的爸爸妈妈往往很伤脑筋地买了很多看起来很适合宝宝的书，结果宝宝却不爱看，因为为宝宝买书最重要的是选择宝宝喜欢读的，书的内容要浅显、有趣，能吸引宝宝。

第一章

0~1岁 宝宝，妈妈爱你

适合宝宝的三种书

活泼优美的图画书是儿童图书中最重要的组成部分，也是最适宜宝宝进行早期阅读的图书。常见的儿童图画书有三种：

1. 概念书

第一种是概念书，类似于识字卡片，向宝宝们讲解某个概念，比如大小的概念及数字的概念。

2. 知识书

第二种是知识书，这是儿童的百科全书，只要宝宝想知道的在这类图书里面全部都有。

3. 故事书

第三种是故事书，这种书都是儿童题材的小说，故事情节生动曲折，宝宝往往很喜欢。

小贴士

三种图书要均衡阅读

这三种图书犹如宝宝成长过程中的必须营养品，爸爸妈妈选择时都应涉及，做到宝宝的精神营养要均衡，千万不要有偏差。

教12个月的宝宝学看书

12个月的宝宝已经具备了看书的能力，在爸爸妈妈的指导和协助之下，他们可以从书中认识图画、颜色，并指出图中所要找的动物和人物。

看书识图能培养宝宝较强的注意力、观察力和辨别力，促进宝宝的智力发育。

选择宝宝喜欢的图书

在宝宝情绪愉快时，爸爸或妈妈要让宝宝坐在自己的怀里，打开一本适合宝宝读的图书，妈妈先打开书中宝宝认识的一种小动物图画，引起宝宝的兴趣，再当着他的面把书合上，说"大熊猫藏起来了，我们把它找出来吧！"妈妈要示范一页一页翻书，一旦翻到，要立刻显出兴奋的样子："哇，我们找到了！"然后，再合上书，让宝宝模仿你的动作，打开书也找到大熊猫。

让宝宝自己翻书

拿给专供宝宝看的大开本图画书，边讲边帮助宝宝自己翻着看，最后让宝宝自己独立翻书。

爸爸妈妈要观察宝宝是否是从头开始，按顺序地翻看。开始时，宝宝往往不能按顺序翻，每次不只翻一页，但经过练习会逐渐得到提高，这一点要通过从认识简单图形逐渐加以纠正，随着空间知觉的发展，宝宝自然会调整过来。

★ 学步期就是宝宝的探险期

学步期的宝宝就是一个小小的探险家，用他那从蹒跚到稳当的步子，用他那小小的双手，永不疲倦地向他的周围探索，也包括他自己的身体。这时，爸爸妈妈一定要给予宝宝这个一生最重要的探险机会。

宝宝能力培养方案

这时，如果宝宝能够在有启发性的环境中自由自在地成长与玩耍，自由自在地探索，那么，宝宝就能够建立起对自己的信心。所以，爸爸妈妈一定要做宝宝勇于探险的坚强后盾，千万不要拖延或庇护宝宝的发展。

宝宝摔倒怎么办

在日常生活中，有很多爸爸妈妈因过分担心宝宝的安全，一看宝宝摔倒了，赶紧跑过去，大惊小怪，又抱又亲，不知道怎么安慰才好。这样一来，本来宝宝没什么事，一经这种过分的安慰，反而产生了恐惧心理，往往会非常委屈地哭起来。

最好的做法就是在没有危险的情况下，爸爸妈妈不要惊慌，更不要急着扶宝宝，从宝宝第一次摔倒后，就让他自己爬起来。爸爸妈妈应显出不在乎的样子，并用温和肯定的态度告诉宝宝没关系，鼓励他自己爬起来，"摔倒了要自己爬起来""勇敢的宝宝是不哭的"。

如果爸爸妈妈能够坚持这么做的话，宝宝就知道摔倒了应该自己爬起来，其独立性会因此而增强，并成为一个勇敢的宝宝。反之，则会形成宝宝依赖和胆小的性格，做什么事都畏手缩脚、不敢向前。

★ 宝宝精细动作训练

12个月的宝宝，手部的动作已发展得相当娴熟了。这时宝宝已经能用全掌握笔在白纸上画出道道来，并且，也能和大人一样用拇指和示指的指端捏小东西，手部拿捏能力的程度已经发展得很好了。爸爸妈妈可以根据宝宝在这个时期的能力特点，通过以下方法开发宝宝的精细动作智能。

训练手的控制能力

在宝宝能够有意识地将物品放下后，训练宝宝将手中的物品投入到一些小的容器中。

通过训练，使宝宝的小手有一定的控制能力。

提高手部灵活性

爸爸妈妈可以在桌前给宝宝摆上多种玩具，如小瓶、盖子、小丸、积木、小匙、小碗、水瓶等。

当宝宝看到这些东西时，慢慢就会知道用积木玩搭高，知道将盖子扣在瓶子上，知道用水瓶喝水，知道用拇指示指捏起小丸，知道将小勺放在小碗里"准备吃饭"等等。

经过多种训练，锻炼宝宝手的灵活性，提高手的技能。

给气球系上线

适合月龄：12个月～2岁的宝宝

游戏过程：妈妈要先画一个红色气球，然后对宝宝说："哎，这个气球怎么没线呀，宝宝来画条线，好不好？"在妈妈的帮助下，宝宝为纸上的气球添画竖线。

游戏目的：通过作"画"，训练手的灵活性，激发宝宝的兴趣。

★ 如何督导宝宝开口说话

宝宝会开口说话，是每一个爸爸妈妈热切期盼的。爸爸妈妈是否热情地与宝宝交谈，对宝宝学说话起着关键作用。

良好的亲子互动是宝宝学说话的最优氛围，爸爸妈妈和宝宝互动的质量和频率决定宝宝日后沟通能力的好坏。

帮助宝宝进行明确表达

宝宝在咿呀学语时，想表达自己的意思，但想说又不会说，父母可以抓住这个时机，帮助宝宝把他想说的话说出来，以让宝宝听到他想说的话是怎么表达的。

扩展其实是很好的提升宝宝认知的方法。在扩展时可以用描述、比较等方法。通过描述事物的颜色、形状、大小等来提升宝宝的认识能力。比如可以说："苹果，红色的苹果。"通过这些语言都可以让宝宝了解事物的性质，提升宝宝对事物的认知，增加词汇量以及提升语言表达能力。

明白所指，互动交流

在宝宝还没有学会说话以前，他的回应可能是"咿咿呀呀"或身体姿势和表情。这时爸爸妈妈要学会"察言观色"，对宝宝的行为、情绪保持敏感，就能和宝宝互动，抓住和保持宝宝的注意力，学习语言。

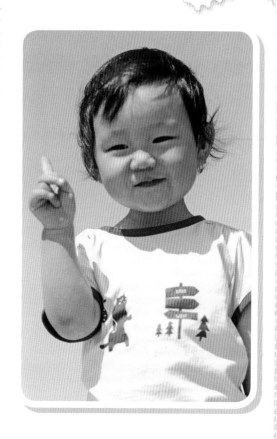

重点强化

让宝宝学说话，爸爸妈妈可以重复或者大声强调想要宝宝学习的词语，比如："这是皮球。"一个词要重复很多遍后，宝宝才能理解并且记忆，最后自己说出这个词。

对宝宝重复相同的话、唱同样的歌、念相同的歌谣，这一切都能在照顾宝宝的过程中自然发生，而且能起到强化的作用。

★ 如何教育任性的宝宝

12个月的宝宝已经有很强的任性行为，一有不满意之处就会发脾气，哭闹个没完，有的宝宝发起火来，还会动小手打人。遇到宝宝任性情况，大人首先要耐心劝阻。如果宝宝不肯罢休，爸爸妈妈可以采取冷处理，让宝宝自己去哭一阵，待发泄完毕后，再和他讲清道理。爸爸妈妈可以用以下几个小办法：

转移注意力

在宝宝任性发脾气时，爸爸妈妈也可以说："你听，那边是什么声音，快去看看。"把宝宝的注意力转移到别的地方去，以摆脱眼前的困境。

正确引导

在宝宝任性时，父母要引导宝宝的个性向着良好健康的方向发展，对于宝宝不好的行为父母要明确表示禁止。

对于宝宝好的行为，父母要加以鼓励，加强与宝宝的交流，保持愉快的家庭气氛，使宝宝保持良好的情绪状态。

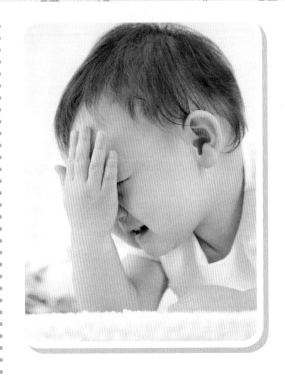

暂时回避

有时让宝宝先哭闹一会也好，就当做呼吸操和运动体操，均能促进宝宝的生长和发育，它既可以增加肺活量，又可增加血液循环，还能增加消化液的分泌。其实，大哭大闹往往是1岁左右宝宝逼迫大人"就范"的主要手段。如果宝宝一哭，就无条件地满足他的任何要求，就会使宝宝认为只要自己一发脾气，一切都会如愿以偿。

爸爸妈妈切不能因为宝宝一哭闹就轻易迁就，要耐心等待宝宝冷静下来，然后再予以教育，但也要切忌用"武力"来解决。

★ 关注宝宝心理健康的发展

12 个月的宝宝感情更加丰富，这时宝宝已经初步建立害怕、生气、喜爱、妒忌等感情，并且已经能够意识到什么是好，什么是坏。

爸爸妈妈是宝宝身心发展的最初园丁，可以说也是宝宝生理健康和心理健康的"双重护士"。

因此，为了宝宝的健康成长，爸爸妈妈切不可只注重宝宝的身体生长，而忽视了宝宝心理的健康发展。爸爸妈妈应当注意以下几点：

培养良好的情感和情绪

爸爸妈妈的抚爱、家庭的温暖，能培养宝宝良好的情感和情绪。但是这种抚爱不能是溺爱，不是无限制地满足一切需要。比如，对 1 岁的宝宝来说，不能一哭就喂奶，一哭就抱着，以免养成宝宝用哭来取得需要满足的不良习惯。

不能对宝宝进行不合理的逗引与戏弄，以免宝宝过度兴奋而导致神经发育不良。爸爸妈妈还要注意对宝宝的态度，若是有冷淡、歧视等态度，则会导致宝宝的情绪处于压抑状态。

要多鼓励、多表扬

宝宝分辨是非的能力是在后天学得的，而爸爸妈妈的是非观念和处理态度对宝宝心理发展影响极大。因此，爸爸妈妈对宝宝的良好行为和点滴进步，要充分肯定和鼓励；对不好的行为则应予以及时制止。

当宝宝把自己的玩具让给别的宝宝玩，爸爸妈妈就应当加以称赞；而当宝宝抢夺别人玩具时，就要制止他。是非要分明，态度要慈爱，使宝宝养成以友好的态度对待小朋友的习惯，并让宝宝知道对与错。

★ 训练宝宝养成良好的排便习惯

宝宝的排便习惯应从小培养。其实，宝宝能有意识地控制大小便需到 1 岁半 ~2 岁，这时宝宝的自我意识有了萌芽，爸爸妈妈可以有规律地进行训练。但也有的宝宝这时可能还不行，遇上这种情况，爸爸妈妈不能打骂宝宝，应该耐心坚持下去。

爸爸妈妈上卫生间时可以有意识带宝宝同行，诱导宝宝主动在卫生间"方便"。最初要帮助宝宝穿脱裤子，以后逐渐引导宝宝自己料理。要从现在开始，培养宝宝养成便后洗手的好习惯。

训练宝宝轻松如厕可以采取几种妙招：

1. 准备一个可爱的便器

让宝宝喜欢上如厕，要先准备一个可爱的宝宝专用便器。爸爸妈妈可以带着宝宝一同挑选他喜欢的便盆，还可以让他为他的便盆做些修饰，只有对便盆产生兴趣，宝宝才可能会有坐在便盆上大小便的欲望。

2. 培养快乐的如厕情绪

培养快乐的如厕情绪也很重要，爸爸妈妈应对宝宝能够自己顺利完成排便过程或有进步时都应给予恰当的表扬，这些称赞的话语，既对宝宝的语言和心理发育有促进作用，又能让宝宝体会如厕的舒心的情绪。

3. 选择合适的裤子

宝宝的裤子讲究宽松，便于宝宝自己脱穿。一般来说，棉质、吸水性强、易于清洗的裤子，能让宝宝强烈地感觉到弄脏后的不舒适感，又比较容易清理，有利于督促宝宝学会自己如厕。

小贴士

观察宝宝大小便的信号

本月龄宝宝的大脑神经系统基本发育成熟，对充盈的膀胱、直肠开始有感觉了，能够主动控制大小便了。爸爸妈妈应细心体察宝宝通常在什么时候大便、小便；便前都有哪些表情，如凝视、不动、脸发红等，发现这种情况就应立刻让宝宝坐便盆，用"嘘嘘"或"嗯嗯"的声音，促使宝宝大便或小便。

★ **宝宝的益智玩具**

玩具在宝宝的生活中扮演十分重要的角色。依照玩具能产生的教育效果,可将玩具分成5类:

1. 动作类玩具

如不倒翁、拖拉车、小木椅、自行车等,这些玩具不但能锻炼宝宝的肌肉,还能增强宝宝的感觉运动协调能力。

2. 语言类玩具

如成套的立体图像、儿歌、木偶童谣、画书,可以培养宝宝视、听、说、写等能力。

3. 教育性或益智类玩具

如拼图玩具、拼插玩具、镶嵌玩具,可以培养图像思维和进一步的创造构思部分与整体概念。套叠用的套碗、套塔、套环,可以由小到大,帮助宝宝学习顺序的概念。

4. 模仿游戏类玩具

模仿是宝宝的天性,几乎每个学龄前儿童都喜欢模仿日常生活所接触的不同人物,模仿不同的角色做游戏。

5. 建筑类玩具

如积木,既可以建房子,也可以摆成一串长长的火车,还可以搭成动物医院。这样的玩具可以让宝宝充分发挥想象力。

为宝宝选择合适的玩具	
动作智能玩具	教宝宝拿一块积木摞在另一块积木上,也可拿一个小筐让宝宝把积木放进去又拿出来
交往智能玩具	除引导宝宝认识家里和周围的大人以外,还可利用玩具巩固认识。如爷爷、奶奶、叔叔、阿姨、哥哥、姐姐等可以利用这些玩具教宝宝学讲话、招手、挥手等礼貌动作
益于站立和行走的玩具	爸爸或妈妈扶着宝宝的一只手,宝宝另一只手拿着拖拉玩具,边走边拖,增加宝宝学步的兴趣
语言和认识玩具	不要小看小狗、小猫、小鸡、小鸭等动物玩具,这些玩具既可发展宝宝的认识能力,同时又可引导宝宝学小动物的叫声,发展宝宝的语言能力

第二章

1岁~1岁半 快速成长的 关键期

第二章

1岁~1岁半 快速成长的关键期

1岁~1岁半 宝宝如何养育

养育重点

1. 这个时期，根据孩子的个性进行喂养，强迫孩子吃不喜欢吃的食物，会使孩子讨厌吃饭。

2. 以孩子的喜好给孩子配备玩具，游戏的第一目的是使孩子快乐。

3. 鼓励孩子完成适合他的简单任务。

4. 多与孩子交谈，沟通感情，训练孩子的语言表达能力。

5. 不要教孩子说"吃饭饭"之类的小儿语，用标准的说法指导孩子的行为，用正确的语言与孩子说话。

6. 日常生活中引导孩子观察、探索，保护孩子的好奇心。

7. 教育中应该有性别之分，帮助孩子理解自己的性别。

8. 只有孩子做危险的动作时，才可以斥责。

体格发育监测标准

1岁~1岁半		
	男宝宝	女宝宝
身　高	男孩平均82.1厘米	女孩平均81.2厘米
体　重	男孩平均10.8千克	女孩平均10.4千克
头　围	男孩半均47.4厘米	女孩平均46.2厘米
胸　围	男孩平均47.6厘米	女孩平均46.5厘米
牙　数	12~15个月长出第一颗切牙，18个月时，宝宝正常的出牙数约为12颗	

宝宝智能发育记录

大动作发育　能独走，弯腰拾东西；能蹲着玩，扶栏杆上楼梯；拉着一只手能走下楼梯，还会爬上大椅子，蹬着椅子伸手够东西

精细动作发育　会把小东西装进小瓶；用笔在纸上乱涂；会把瓶盖打开又盖上；能叠2～3块积木；能2～3页地翻书

感知觉发育　认识图片或图画书上的物品，如狗、车等；能指出3～4处身体部位，能指出10张图片或图画书中的物品

社交能力发展　对陌生人表示害羞或不安；能模仿大人拍娃娃、给娃娃喂饭、盖被子等；会表达自己的情绪，有时好发脾气、扔东西

语言能力发育　能说2～3个字组成的句子，说出自己"1岁"。这时父母要有意识地多用语言来指导宝宝行动，如让宝宝"把小盆端过来""给妈妈拿拖鞋"等，使宝宝建立这种按指示做事的概念。同时也要注意一些否定性词语的学习和使用，让宝宝真正理解"有—没有、要—不要、是—不是"等概念，并学会用语言正确地表达

睡眠原则　宝宝睡觉最迟不能超过晚上9时，一般以晚8时前睡觉最适宜。宝宝入睡前0.5～1小时，不要让宝宝看刺激性的电视节目，不讲紧张、可怕的故事，也不要玩玩具。上床入睡前要洗脸、洗脚、洗屁股。养成按时主动上床、起床的好习惯

大小便训练　妈妈在宝宝小便前、小便中及小便后，要常说"嘘嘘""尿了，好孩子"等，这是为了让宝宝有意识排尿。宝宝一旦说了"嘘嘘"，不管是小便前还是小便后，都要给予表扬。如果一让宝宝小便就打挺、强烈反抗，这时，要间隔2～3周后再训练。如果到时宝宝还是抵抗的话，排便训练还可以往后延期

自理能力发展　会用小匙盛饭放进嘴里，能将帽子放在头上；能用拇指和示指拿捏食物吃，能自己端杯喝水

★ 这个时期宝宝主要需要的营养

宝宝过了1岁，与大人一起正常吃每日三餐的机会就逐渐增多了。但此阶段的宝宝，乳牙还没有长齐，所以咀嚼能力还是比较差的，并且消化吸收的功能也没有发育完全，虽然可以咀嚼成形的固体食物，但依旧还要吃些细、软、烂的食物。

小贴士

让宝宝摄取均衡的营养

根据每个宝宝的实际情况，为宝宝安排每日的饮食，让宝宝从规律的一日三餐中获取均衡的营养。并根据宝宝的活动规律合理搭配，兼顾蛋白质、脂肪、热量、微量元素等的均衡摄取，使食物多样化，从而培养宝宝的进食兴趣，全面摄取营养。

★ 科学合理的饮食

营养是保证宝宝正常生长发育、身心健康的重要因素。只有营养供应充足，宝宝的身体才会长得结实、强壮。并且营养关系到大脑功能，营养不良会对宝宝大脑的发育产生不好的影响，造成智力发育和体格发育不良，即使到了成年也无法弥补。

宝宝一天的食物中，仍应包括谷薯类，肉、禽、蛋、豆类，蔬菜、水果类和奶类，营养搭配要适当，每天应保证奶类400～500毫升。在宝宝8个月起，消化蛋白质的胃液已经充分发挥作用了，为此可多吃一些含蛋白质高的食物。宝宝吃的肉末，必须是新鲜瘦肉，可剁碎后加作料蒸烂吃。增加一些土豆、白薯类含糖较多的根茎类食物，还应增加一些粗纤维的食物，但最好把粗的或老的部分去掉。当宝宝已经长牙、有咀嚼能力时，可以让他啃硬一点的食品。

小贴士

三餐之外还要补充配方奶

尽量使宝宝从一日三餐的辅助食物中摄取所需营养的2/3，其他用新鲜牛奶或配方奶补充。另外，烹调要讲科学，蔬菜要新鲜，做到先洗后切，急火快炒，以避免维生素C的流失。

★ **适时给宝宝添加粗粮**

为了宝宝有一个健康的未来，从小就应培养多吃粗粮果蔬的好习惯。

常吃粗粮果蔬好处多

各种粗粮以及新鲜蔬菜和瓜果，不仅含有丰富的营养素，还含有大量的膳食纤维，包括纤维素、半纤维素、木质素、果胶质、树胶质和一些非纤维素糖。

植物纤维具有不可替代的平衡膳食、改善消化吸收和排泄等重要生理功能，起着"体内清洁剂"的特殊作用。

防范糖尿病

从饮食上着手，做到少精多粗。由于膳食纤维的吸水膨胀作用，延缓了食物在胃内停留的时间，减慢了肠道吸收糖的速度，避免餐后出现高血糖现象，提高人体耐糖的程度，利于血糖稳定，因此，可以常让宝宝吃些富含膳食纤维的全谷粗粮和蔬菜，可起到预防儿童糖尿病的作用。

有益于皮肤的食物

宝宝如吃肉类及甜食过多，在胃肠道消化分解的过程中会产生不少毒素，侵蚀皮肤，肤色会变得灰暗枯黄，容易发生痤疮、疖肿等皮肤病。若让宝宝常吃些粗粮蔬菜，既能促使毒素排出，又使体液保持弱碱性，有益于皮肤的健美。

粗粮细做

把粗粮磨成面粉、压成泥、熬成粥或与其他食物混合加工成花样翻新的美味食品，使粗粮变得可口，增进食欲，能提高人体对粗粮营养的吸收率，满足宝宝的需求。粗粮中的植物蛋白质含的赖氨酸低于动物蛋白质，弥补的办法就是提倡食物混吃，以取长补短。如玉米中含的赖氨酸和色氨酸较低，可与黄豆或黑豆共同食用，两者可产生互补，使赖氨酸在比例更接近人体需要。如八宝稀饭、腊八粥、玉米红薯粥、小米山药粥等由黄豆、黑豆、青豆、花生米、豌豆磨成的豆浆等，都是很好的混合食品，有利于人体消化吸收利用。饮食讲究的是全面均衡多样化，任何营养素都是和多种营养素一起能发挥综合作用。

在日常饮食方面，应限制脂肪、糖、盐的摄入量，适当增加粗粮、蔬菜和水果的比例，并保证优质蛋白质、碳水化合物、多种维生素及矿物质的摄入，才能保证营养的均衡合理，有益于宝宝健康发育。

第二章

1 岁 ~ 1 岁半 快速成长的 关键期

★ 制作辅食的注意事项

在做米饭前，洗米的时候不要用力搓，时间不宜太长，洗 2 次就好，并且不要浸泡太久，不要在流水下冲洗，不能用热水冲洗，否则会造成蛋白质的流失。

制作方法：

应该选择蒸饭或者焖饭的做法，这样能最大限度地保存营养，要尽量避免炒饭。做粥的时候，最好不要放碱，以免维生素受到破坏。

★ 宝宝的食物结构多样化

注意宝宝的饮食结构与搭配

在此阶段，仍要关注宝宝的饮食营养，饮食多样化，合理烹饪，多提供五谷杂粮类和蔬菜水果类的食物，保证宝宝的营养全面。另外，在此期间要预防宝宝肥胖。肥胖的宝宝可以减少点心的摄入，在食谱中减少高热能食物的饮食，多吃一些新鲜的水果和蔬菜，多安排一些粥、汤面等占据体积的食物，要尽量减少含油脂和糖过高食物的摄入。

引导宝宝合理摄入水分。冬季每天所需水量约 1000 毫升，夏季约 1500 毫升。宝宝在上午和午饭时摄入全天水量的一半或大部分。晚饭不要太咸，6 点以后尽量少喝水和吃西瓜等含水分大的水果，以免晚上尿床。夏天宝宝活动量太大，出汗过多，下午也可以喝水。

认识不足导致宝宝营养失衡

营养失衡包括营养缺乏和营养过量两类。具体而言，营养缺乏有全面的营养素缺乏和个别的营养素缺乏。全面的营养素缺乏是因为总的食物摄入过少而造成的各种营养素的素缺乏；而个别的营养缺乏，是因为食物摄入营养素不平衡，而引起的某种或多种微量元素或维生素缺乏。而营养过量，大多数情况下指的是能量物质摄入过多，比如脂肪、糖类。洋快餐、含糖饮料直接导致肥胖。

研究表明：不正确的饮食行为是造成肥胖的直接原因。比如吃得过快，喜欢吃油炸食品、洋快餐和含糖饮料等。

★ 合理选择宝宝的零食

选择好给宝宝吃零食的时间。在宝宝吃中晚餐之间喂给宝宝一些点心和水果，但是不要喂太多，约占总热量的15%就好。无论宝宝多爱吃零食，都要坚持正餐为主，零食为辅的原则。要注意在餐前1～2小时就不让宝宝吃零食，以免影响正餐或出现蛀牙。

宝宝的零食最好选择水果、全麦饼干、面包等食品，并且经常更换口味，这样宝宝才爱吃，不要选择糕点、糖果、罐头、巧克力等零食，这些食品不光糖量高，而且油脂多，不仅不容易消化，还会导致宝宝肥胖。可以根据宝宝的生长发育添加一些强化食品，如果宝宝缺钙，可以给宝宝吃钙质饼干，缺铁可以添加补铁剂。要注意的是选择强化食品要慎重，最好根据医生的建议选择。

★ 宝宝不吃饭不一定是厌食

有的父母是按照自己的想法，而不是按照宝宝的需求进行喂养。宝宝想吃的时候不给，或是给零食。宝宝吃零食已经饱了，却要他再吃辅食，宝宝的胃只有那么大，吃了别的就再装不下应该吃的东西了，结果父母就认为宝宝厌食，其实这是认识上的错误。

父母应该学着了解宝宝饥饿的信号，饱的时候不强迫宝宝进食，否则会让宝宝从小就出现逆反心理，使吃饭成了最大的负担。

麻酱素包

材料：粉丝50克，绿豆芽50克，小麦面粉200克，植物油1大匙，芝麻酱1大匙，盐1/2小匙，清水、糖、酵母各1小匙。

做法：

1. 将面粉、干酵母粉、糖放盛器内混合均匀，加水，搅拌成块，用手揉搓成团，反复揉搓直至面团光洁润滑。

2. 将粉丝、豆芽、面筋切成细粒，放入盛器中，加入油、芝麻酱、盐拌匀，装盛器中。

3. 将发好的面团分小块，再擀成面皮，包入馅，捏好，以常法蒸熟即可。将稀释后的果汁放入锅内，用小火煮一会儿即可。

琵琶豆腐

材料：布包豆腐2件，虾50克，香菜2棵，姜1片，生粉、盐、蒜汁各3/4匙，香油少许，鸡蛋1个。

做法：

1. 豆腐冲净滴干，鸡蛋打散成蛋液。

2. 虾去壳去肠，用盐擦洗干净，沥干水分，拍烂，顺一方向搅匀，加入豆腐及调味料再拌匀。隔水蒸5分钟，凝固后，以小刀取出。

3. 在豆腐撒少许淀粉，蘸上蛋液，放入滚油中炸至微黄色盛起，沥油，烧热锅，下油1小匙爆香，加入芡汁料煮滚，淋在琵琶豆腐上，即可喂食。

日常护理指南

★ 穿衣护理

衣着样式

宝宝的衣服要便于穿脱，因为此阶段宝宝可以逐渐培养自己穿、脱衣服，不要有许多带子、钮袢和扣子。一般一件衣服上有2～3颗大按扣即可，容易穿脱。另外，上衣要稍长，但不宜过于肥大、过长，使宝宝活动不便，当然也不能太瘦小，影响动作伸展。衣领不宜太高、太紧，最好穿背带裤，女孩不宜穿过长连衣裙，最好穿儿童短裤，以免活动时摔跤引起事故。

打扮

宝宝不宜烫发和化妆，因为烫发和化妆会对宝宝的头发和皮肤造成一定伤害；不宜男扮女装或女扮男装，因为这样容易导致性别颠倒；不宜穿紧腿裤，或过于贵重、精致的服装，这样的服装对宝宝的身心发育都不利。

鞋子

最好给宝宝选购稍大且平底的方口或高腰鞋，这样的鞋子适合于此期的宝宝穿着，因为宝宝正处于发育旺盛的时期，一旦鞋子小了就应马上换新鞋。到了两岁左右，不穿高腰鞋也行，可穿合适的普通的球鞋。

穿衣能力和习惯的培养

在教宝宝穿衣时，要给宝宝仔细讲解每一个动作，如脱衣，要先把着宝宝的一只手放在背后，使宝宝的另一只手拉住此只手的袖子向下拉即可。

1岁以后的宝宝会抓起帽子戴在头上，但还要两个月后才能戴正。宝宝在学穿鞋时开始可能分不清左右，家长要反复示范，一定要仔细、耐心、循序渐进地教，这样才能达到预期的效果，使宝宝逐渐学会自己穿脱衣物。

★ 保证宝宝的睡眠质量

当走进宝宝的房间时，如果闻到一种怪味，这是由于室内长时间不通风导致二氧化碳增多、氧气减少所引起的。在这种污浊的空气中生活和睡眠，对宝宝的生长发育大为不利。开窗不仅可以交换室内外的空气，提高室内氧气的含量，调节温度，还可增强宝宝对外界环境的适应能力和抗病能力。

宝宝的新陈代谢和各种活动都需要充足的氧气，年龄越小新陈代谢越旺盛，对氧气的需要量也越大。因为宝宝户外活动少，呼吸新鲜空气的机会也少，所以应经常开窗，增加氧气的吸入量，来弥补氧气的不足。宝宝在氧气充足的环境中睡眠，入睡快、睡得沉，也有利于脑神经得到充分休息。

开窗睡觉时，不要让风直吹到宝宝，若床正对窗户，应用窗帘挡一下以改变风向。总之，不要使室内的温度过低，室内温度以18℃～22℃为宜。

★ 宝宝养成讲究口腔卫生的习惯

父母都不希望宝宝患龋齿，但怎样做才能避免宝宝患龋齿呢？其实龋齿的发生与口腔卫生有着十分密切的关系，父母应了解刷牙的重要性和正确的刷牙方法，早期对宝宝进行口腔卫生的启蒙教育及刷牙习惯的培养。宝宝自出生6个月左右开始长出乳牙，到2岁6个月左右乳牙全部长齐，共计20颗牙齿。由于这一时期宝宝对口腔卫生的意义不理解，所以，必须依靠父母做好宝宝的口腔卫生保健。

2岁左右的宝宝应该由父母戴着指刷为其刷牙，稍大一点儿的宝宝可考虑用幼儿牙刷刷牙，每日最少刷2次，且饭后或食用甜食后应及时漱口。在进行口腔清洁时，父母应密切观察宝宝易患龋齿的部位，如后牙的咬合面及邻接面，上下前牙的牙缝处，如果邻面刷不到，可用牙线清洁。只有宝宝持之以恒，才能养成良好的口腔卫生习惯。

★ 怎样确保宝宝在日光下的安全

虽然阳光和新鲜空气对宝宝的健康有帮助，但却不能让宝宝在日光下暴晒，以免晒伤。晒伤后不仅会引起疼痛，更会增加宝宝日后患皮肤癌的概率。因此，家长切记在阳光最强烈的时候（通常在上午11点到下午3点），不要让宝宝到太阳底下。而平时可用专为儿童配制的防晒油保护宝宝的皮肤，这样可以有效地阻隔太阳的紫外线。对于长时间在户外活动的宝宝来说，要反复涂抹，尤其是游泳后。

家长可以劝告宝宝到阴凉的地方去玩，但要注意一些情况，如沙地、水面、水泥地面和玻璃表面，同样能反射太阳光。多云或阴天时，宝宝也有可能被晒伤，所以，在夏季，即使是阴天也要给宝宝用防晒油。

★ 大小便训练

1 岁以后宝宝一天小便 10 次左右。可以从 1 岁后培养宝宝会主动表示要小便的习惯。妈妈首先应掌握宝宝排尿的规律、表情及相关的动作，如身体晃动、两脚交替等，发现后让宝宝坐盆，逐渐训练宝宝排尿前会表示，父母在宝宝每次主动表示以后都要给予积极的鼓励和表扬。

1 岁以后，宝宝的大便次数一般为一天 1～2 次，有的宝宝两天一次。如果很规律，大便形状也正常，父母不必过虑，均属正常现象。每天应坚持训练宝宝定时坐盆排便，慢慢养成定时排便的习惯。

另外，此期应该对宝宝进行"上厕所教育"。这种教育旨在帮助宝宝逐渐摆脱用尿布解决大小便的问题。

教此期的宝宝如何上厕所，要使用宝宝能听得懂的简单语言；用语言和动作教宝宝如何利用腹部肌肉的力量帮助排尿和排便；教宝宝用简单的语言表达上厕所的需求。每天可有 2 个小时不给宝宝穿尿布，让宝宝自己走到便盆处排便。另外，要训练宝宝自己脱内裤排便等习惯。

★ 把握宝宝如厕训练的时机

要等到宝宝真正准备好再开始训练，这样，整个训练过程对父母和宝宝来说，才不会太痛苦。在决定训练如厕之前，最好对照一下基本清单，看看宝宝是不是已经准备好了。

2岁时，宝宝身心发育基本成熟，此时开始训练，往往只需2～3个月就可以让宝宝学会自己大小便。成熟早的宝宝，可以从1岁半开始训练。总之，就像引入辅食一样，要观察宝宝的状态，而不是去数日历上的日期。

宝宝真的准备好了吗	
1	排便有规律，大便柔软
2	能把裤子拉上拉下
3	模仿别人上厕所的习惯（喜欢看妈妈上厕所，想穿内裤）
4	排便的时候有反应，如会哼哼唧唧，蹲下或告诉妈妈
5	会说表示小便或大便的话如尿尿、臭臭等
6	能够执行简单的指令，如"把玩具给我"
7	尿布湿了或脏了之后，会把尿布拉开，或跑过来告诉妈妈尿布脏了
8	爬到儿童马桶或成人马桶上
9	尿湿尿布的时间间隔变长，至少3小时
10	会研究自己的身体器官

第二章

1岁~1岁半
快速成长的
关键期

★ 防范问题玩具威胁儿童安全

防范原因

问题玩具存在着安全隐患，可能会在宝宝玩的过程中，刺伤宝宝的皮肤，造成窒息、夹伤手指和引起卫生隐患等问题。这些危险玩具，有可能成为导致宝宝意外伤害、威胁宝宝健康的"杀手"。

安全防范措施

应参考一些书籍，找到各个年龄段应该准备的玩具，并且要严格按照玩具的标注年龄给宝宝合理购买，尤其是对于3岁以下宝宝使用的玩具，《国家玩具安全技术规范》中也规定了具体的指标，如果在购买时得以恰当地选择，相信宝宝一定会玩得非常开心。

另外，不要给宝宝买一些可能引起危险的玩具，如大型的毛绒玩具，小型的玩具，如玻璃珠子、小积木等，弹射玩具、有尖锐棱角的玩具等。总之，父母要有一双慧眼，在购买玩具时，识别问题玩具，一定要认真考虑每种玩具有可能给宝宝造成的危害，确定无害后，再购买。

家庭医生

★ 视觉保护

视觉保护的意义

婴幼儿时期是视觉发育的关键时期和可塑阶段，也是预防和治疗视觉异常的最佳时期。因此，积极做好预防与保护工作非常重要。

视觉保护的方法

宝宝居住、玩耍的房间最好是窗户较大、光线较强的房间，家具和墙壁最好是明亮的淡色，如粉色、奶油色等，使房间获得最佳采光。

如果自然光不足，可加用人工照明。人工照明最好选用日光灯，灯泡和日光灯管均应经常擦干净尘土，以免降低照明度。

其次是看电视卫生。宝宝此期可能会非常喜爱观看电视节目，但要注意，2周岁以内的宝宝不能看电视。如果一定要看，每周不能超过2次，每次不能超过10分钟，最好在座位的后面安装一个8瓦的小灯泡，可以减轻看电视时的视力疲劳。

另外还有看图书、画画的卫生。宝宝看图书、画画的坐姿要端正，书与眼的距离宜为33厘米，不能太近或太远，不能让宝宝躺着或坐车时看书，以免视力紧张、疲劳。

为了保护宝宝的视力，还要供给宝宝富含维生素A的食物，如肝、蛋黄、深色蔬菜和水果等，经常让宝宝进行户外游戏和体育锻炼，有利于恢复视觉疲劳，促进视觉发育。

★ 掌握带宝宝看医生的最佳时机

咨询医生

父母对于宝宝总有一种直觉，能够明确地说清楚宝宝是否健康。有时疾病发生在宝宝身上，只是行为有些不正常，例如不像正常一样吃饭，或是异常的安静，或是异常狂躁。只有经常与宝宝待在一起的人才能发现这些迹象，这是发病的非特异征兆。

如果妈妈坚持认为宝宝生病了，就一定要去咨询医生，尤其是在出现一些可疑征兆时，更应该向医生咨询。

具体方法

如果宝宝的体温超过38℃，能看出宝宝明显发病，应该去看医生；如果体温超过39.4℃，即使看不出宝宝有什么发病的迹象，也要去看医生；如果宝宝发热时，体温忽高忽低，或伴有幼儿惊厥，或体温连续3天达到38℃以上，或宝宝出现发冷、嗜睡、异常安静、四肢无力等症状，都应该抓紧时间看医生。

1	宝宝出现意外或烧伤；当宝宝失去了知觉时，不论其时间多么短；宝宝外伤伤口较深，引起严重失血时；宝宝被动物、人或是蛇咬伤时；眼睛受到物体挫伤时，都一定要抓紧时间看医生
2	如果宝宝出现恶心、昏迷或者头痛时，应及时看医生
3	如果宝宝出现呼吸困难，每次呼吸均可见肋骨明显内陷，要及时看医生
4	如果宝宝呕吐严重，持续过久或是呕吐量很大，一定要及时看医生

宝宝智力加油站

★ 宝宝开口说话要鼓励

通常，这个时候的宝宝可理解简短的语句，能理解和执行成人的简单命令；能够跟着大人的话语进行重复，谈话时会使用一些别人听不懂的话；经常说出的单词有 20 个左右，能理解的词语数量比能说出的要多得多；喜欢翻看图画书，并在上面指指点点；会对他看到的物体进行命名，如用"圆圆"称呼橘子等形状类似的东西。

爸爸妈妈在对宝宝进行语言教育时，除了要结合宝宝语言发育的规律，正确地教育引导宝宝语言向较高水平发展外，还要鼓励宝宝开口说话。

巧用心计，激发兴趣

对于一些比较腼腆和内向的宝宝，爸爸妈妈应巧用心计，耐心引导，激发宝宝的兴趣，鼓励他开口说话。和宝宝一起做游戏时，爸爸妈妈可以在一旁不停地说"兔子跑、小马跑、宝宝跑不跑？"当宝宝反反复复听到"跑"字以后，慢慢地就会开口说"跑"字了。

"延迟满足"训练法

有的爸爸妈妈没等宝宝说话，就会将宝宝想要的东西送过来，使宝宝没有了说话的机会，久而久之，宝宝从用不着说到懒得说，最后到不用开口讲话了。也就是说过分的照顾使宝宝错过了用言语表达需求的时机。

为了鼓励宝宝开口讲话，自己主动地表达需求，一定要和蔼、耐心地给他时间去反应，不要急于去完成任务。当宝宝要喝水时，必须先鼓励他说出"水"字来，然后你再把水瓶或水碗给他才行。如果宝宝性子急，不肯开口说话，就应该适当地等待，爸爸妈妈"延迟满足"的训练是可以促使宝宝开口说话的。

第二章

1岁~1岁半 快速成长的 关键期

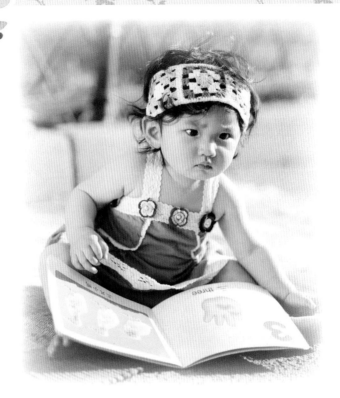

★ **宝宝数学思维开发**

宝宝思维能力的发展，应该抓住关键期，这样才能更好地发展宝宝的智力，对以后的学习和生活很有帮助。

婴儿期是人类数学能力开始发展的重要时期。其中，1岁左右是宝宝掌握初级数概念的关键期，2岁半左右是宝宝计数能力发展的关键期，5岁左右是幼儿掌握数学概念、进行抽象运算以及综合数学能力开始形成的关键期。在学习数学时，宝宝可以学的东西很多很多，如排列、比较等。

教宝宝认识1和2

适合月龄：1岁~1岁半的宝宝

游戏过程：教宝宝开始学数学时，可以让宝宝开始学习用两个手指表示2，竖起拇指和示指表示要两块饼干或两块糖果。会摆两块积木表示2。可趁势让宝宝认数1和2。

游戏目的：让宝宝简单会说1、2，强化数的概念。

几何图形在我家

适合月龄：1岁~1岁半的宝宝

游戏过程：妈妈给宝宝展示一个几何图形，告诉宝宝图形名字，让宝宝指认家里哪些东西和这个图形形状一样。如果宝宝刚开始反应不够快，也不要着急，可以提示她一下，比如"黄黄的橘子是不是圆的呀？"

游戏目的：让宝宝认识笼统的几何图形。

★ 宝宝想象力的发展与训练

动用想象力的宝宝更容易在面对不同的选择时作出抉择，想象力能为他们提供更多想象活动的机会。

宝宝想象力的发展与他的年龄有着密切的关系。

假定给宝宝一个空盒子，1岁左右的宝宝首先想到用嘴咬，试图通过这种方式来探究空盒子的奥秘，他也可能将空盒子扔到地上，看盒子从空中直接冲向地面，然后在地面上滚动的情景，欣赏盒子掉落地面时发出的声音。并且，宝宝会一直尝试，一再地确认他所观察到的因果关系。

1岁半时	宝宝明白了盒子的用途，他可能会把一些小东西塞进盒子，当成他藏匿各种宝贝的仓库
2岁时	宝宝已经具备足够的想象力，他会挖掘出盒子的一些新功能，比如把盒子当成帽子戴在头上
3岁以后	宝宝想象力会获得突飞猛进的发展，这时他可能将一个简简单单的盒子想象成快艇、小动物的家、魔术盒，或者其他大人根本想都不会去想的东西

小熊的窝

适合月龄：1岁～1岁半的宝宝

游戏过程：让宝宝给小熊做一个窝，告诉他这个玩具房子需要装饰，带着他画画，然后把碎布给她，让他把窝整理得更舒服，然后让小熊住进去，或许宝宝有更多自己的创意。

游戏目的：在装修房子的游戏过程中，宝宝会学着模仿，重要的是宝宝开始运用自己的想象力进行创造了。

★ 宝宝运动能力训练

1岁之后的宝宝，在动作能力上能用脚尖行走数步，脚跟可不着地；并且可以手扶楼梯栏杆熟练地上3阶以上。通常，1岁后的宝宝都能迈出第一步，在良好的训练下可走得很好。

训练宝宝独立走路

宝宝独立走路可不是一件轻而易举的事，走得好就更难了。在初练行走，宝宝常不免有些胆怯，想迈步，又迈不开。爸爸妈妈应伸出双手做迎接的样子，宝宝才会大胆地跟跟跄跄走几步，然后赶快扑进爸爸妈妈怀里，非常高兴。

如果爸爸妈妈站得很远，宝宝因没有安全感而不敢向前迈步，这时爸爸妈妈就要靠近些给予协助。有时，宝宝迈开步子以后，仍不能走稳，好像醉汉左右摇晃，有时步履很慌忙、很僵硬，头向前，腿在后，步子不协调，常常跌倒，这时仍需爸爸妈妈细心照料。

总之，在这个阶段，应鼓励宝宝走路，创造条件，使宝宝安全地走来走去。尤其对那些胖小子和"小懒蛋"更该多加帮助，使他早些学会走路。

跑步训练

训练宝宝跑步的能力，要多与宝宝玩捉迷藏的游戏。在追逐玩耍中有意识地让宝宝练习跑和停，渐渐地宝宝会在停之前放慢速度，使自己站稳。最后宝宝能放心地向前跑，不至于因速度快，头重脚轻而向前摔倒。

学跳、学倒退走训练

让宝宝练双足跳，拖着玩具倒退走，或做"你来我退"的游戏，练习能较稳定且持续地倒退走。

上台阶训练

如果宝宝行走比较自如，爸爸妈妈可有意识地让宝宝练习自己上台阶或楼梯，从较矮的台阶开始，让宝宝不扶人只扶物自己上，逐渐再训练自己下楼梯。

掷球训练

爸爸妈妈可以与宝宝一同掷球，并说："扔到我这边。"爸爸妈妈各站一边，宝宝站中间，让宝宝学向两个方向扔球。

小猫捡球

适合月龄：1岁～1岁半的宝宝

游戏过程： 场地上放1条2米长的垫子，垫子一端放着4个皮球，让宝宝扮成小猫坐在垫子的另一端，妈妈扮猫妈妈。游戏开始后，妈妈说："小猫快爬到前面把球捡起来吧。"接着让宝宝在垫子上朝前爬，宝宝捡起球便随手放在篮子里，而后再爬回来。"

游戏目的： 通过游戏，练习宝宝膝着地爬的动作并按指定方向走。

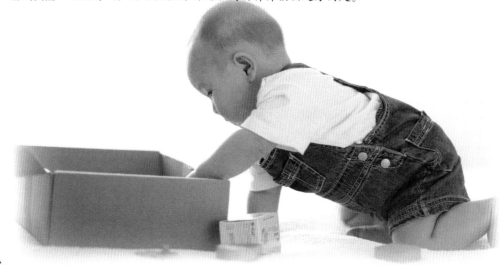

宝宝精细运动小游戏

爸爸妈妈在生活及游戏中，要随时训练宝宝手的精细动作，如拾积木、穿珠子、穿扣眼儿、拼扳、串塑料管、捏泥塑等等。爸爸妈妈要尽早训练宝宝左右手握、捏等精细动作。

和豆豆做游戏

适合月龄：1岁～1岁半的宝宝

游戏过程： 把小碗装满五颜六色的豆子，妈妈教宝宝抓起满满的一把豆子，然后把手松开，让豆子从宝宝的指缝间溜走，然后反复这样进行。妈妈可以一边进行游戏，一边说"红豆绿豆，吃了长肉。"让宝宝一边游戏，一边学着说歌谣。

游戏目的： 锻炼宝宝手指抓握和释放能力，使宝宝的手指更加有力，帮助宝宝自如地控制手掌力量。

★ 宝宝人际交往能力培养

在宝宝社交能力发育和培育的过程中，往往会出现一种情况：宝宝在熟悉的环境里非常活跃，但在生疏环境中则会显得拘谨甚至胆怯。这是由于宝宝对外部环境缺乏足够的认知和心理准备，也就是说宝宝缺乏对环境的适应能力和早期的社交能力。

爸爸妈妈一定要注意这一点，尽量多给宝宝创造机会启发宝宝的人际交往能力。

有礼貌

爸爸妈妈将宝宝送到托儿所时，要让宝宝对老师说："老师早！"走的时候爸爸妈妈要与宝宝一起对老师挥挥手说："再见"。

这个训练是对宝宝进行人际交往中的礼貌教育。

独自玩

为宝宝准备他喜欢的玩具，如小汽车、积木、布娃娃、图片等。然后，在可以观察到的范围内，鼓励宝宝坐在地板或地毯上自己玩。这样会培养宝宝的独立性。

分享食物与玩具

指导宝宝用行动来表示友好，比如，告诉宝宝要把自己最喜欢的巧克力糖拿出来招待客人，或者让别人玩他心爱的玩具。有时，即使是让别人碰一碰自己喜欢的东西，都体现了宝宝的友好态度，爸爸妈妈应表示肯定和鼓励。

不说粗话

告诉宝宝对人一定要有礼貌，不可说粗话。有些说粗话宝宝根本不懂得其本身的意思，听到别人说话，觉得好玩就学说了出来。

爸爸妈妈听到之后应及时制止，明确表示出不喜欢宝宝的这种举动，告诉他哪一句是对人不礼貌的话，会让人觉得你对人家很不友好，好宝宝不要去学这样的话。

★ 宝宝认知能力训练

这时宝宝能够根据物品的用途来给物品配对，比如茶壶和茶壶盖子是放在一起的。这些都是宝宝认知能力发展的表现，说明宝宝开始为周围世界中的不同物品分类并根据它们的用途来理解其相互关系。

爸爸妈妈可以根据宝宝认知能力的发育特点，进行合理的培养训练。

认识自己的东西

宝宝的用品要放在固定的位置，让宝宝认识自己的毛巾、水杯、帽子等，也可进一步让宝宝指认妈妈的一两种物品。

配对

爸爸妈妈可先将两个相同的玩具放在一起，再将完全相同的小图卡放在一起，让宝宝学习配对。

在熟练的基础上，将两个相同的汉字卡混入图卡中，让宝宝学习认字和配对；也可写阿拉伯数字1和0，然后混放在图卡中，让宝宝通过配对认识1和0；配对的卡片中可画上圆形、方形和三角形，让宝宝按图形配对，以复习已学过的图形；用相同颜色配对以复习颜色。

认识自然现象

爸爸妈妈要注意培养宝宝的观察力和记忆力，并启发宝宝提出问题及回答问题。比如，观察晚上天很黑，有星星和月亮；早上天很亮，有太阳出来。通过讲述，使宝宝认识大自然的各种现象。

模仿操作

每天爸爸妈妈都要花一定的时间与宝宝一起动手玩玩具，如搭积木、插板等，给宝宝做些示范，让宝宝模仿。此外，还可以给不同大小、形状的瓶子配瓶盖以及将每套玩具放回相应的盒子内。

★ 宝宝生活自理能力大训练

在宝宝 1 岁之后，爸爸妈妈应抓住日常生活中每一件小事训练宝宝的生活能力，比如，教宝宝自己脱衣裤，每次外出时让宝宝自己把帽子戴上。可以先让宝宝自己试着做，必要时爸爸妈妈再帮助，主要是给宝宝锻炼的机会。一般每日练 1～2 次，直到学会为止。

认路回家

爸爸妈妈每次带宝宝上街都要让宝宝学认街上的商店、邮筒、大的广告画和建筑物等标志。回家时让宝宝在前面带路。起初宝宝只能认识自己家门口，以后从胡同口就能认路，再后来就能从就近的东西认得胡同口而找到自己的家。

自己吃饭

培养宝宝用匙子自己吃饭，能将碗中食物完全吃掉，不必妈妈喂。渐渐地从减少喂到完全自己吃，在这期间要不断称赞宝宝吃得干净。

脱去上衣和裤子

训练宝宝的穿脱衣能力。开始，爸爸妈妈要将扣子松开，让宝宝自己脱下上衣。在学习脱去裤子时，先替他将裤子拉到膝部，由宝宝脱下。

以后提醒宝宝自己先将裤子拉到膝盖处，再进一步脱下。每天睡前和洗澡之前都让宝宝自己脱衣服，并养成习惯。

★ **宝宝独立能力培养**

1岁左右的宝宝就可以进行独立自主能力的培养了。首先，要正确地认识和理解宝宝。爸爸妈妈要了解宝宝在各个年龄阶段所普遍具备的各种能力。知道在什么年龄，宝宝应该会做什么事情了，那么就可以放手让宝宝自己的事情自己做，而不依赖于别人。此外，爸爸妈妈还要了解宝宝的"特别性"，知道宝宝有哪些地方与其他宝宝不同，对这些特别之处，要相应的采取特别的教育。

如果有的能力是宝宝的强项，爸爸妈妈可以用更高的标准来要求他，若是宝宝生性敏感、胆小，就应该多鼓励宝宝大胆尝试。此外，在进行宝宝独立性培养的时候，爸爸妈妈要做到以下3点：

1. 给予充分的活动自由

宝宝的独立自主性是在独立活动中产生和发展的，因此，要培养独立自主的宝宝，爸爸妈妈就要为宝宝提供独立思考和独立解决问题的机会。

2. 建立亲密的亲子关系

作为爸爸妈妈，要让宝宝充分感受到你们的爱，与他建立良好的亲子关系，从而使宝宝对你和周围事物都具有信任感。宝宝独立自主性的培养，需要以宝宝的信任感和安全感为基础，因为只有当宝宝相信，在他遇到困难时一定会得到帮助，宝宝才可能放心大胆地去探索外界和尝试活动。因此，在宝宝活动时，爸爸妈妈应该陪伴在他身边，给他鼓励。

3. 循序渐进，不随便批评

独立自主性的培养是一个长期的过程，需要循序渐进地进行，爸爸妈妈切不可急于求成，对宝宝的发展作出过高的、不合理的要求，也不能因为宝宝一时没有达到你的要求，就横加斥责，应先冷静地分析一下宝宝没有达到要求的原因，以科学的准则来衡量，然后再做出相应的调整策略。

第三章

1岁半~2岁
越来越淘气了

1岁半~2岁
宝宝如何养育

养育重点

1. 1岁半～2岁是拒绝的年龄，此阶段父母应该保持耐心，并尝试各种方法帮宝宝度过这一叛逆期。

2. 安全第一。不要告诉孩子不许玩不许碰。你自己把该锁起来的锁起来，该扣好盖子的扣好盖子。

3. 摸索孩子的生活规律，在孩子陷入可能导致坏情绪的陷阱之前，采取恰当措施，比如让孩子吃饱、睡足后带他出去玩儿等。

4. 绕开硬碰硬。如果你问，"你要不要洗澡？" 这答案肯定是"不！" 你可以换个说法，"你想在澡盆里玩小鸭子，还是玩小水桶？"

5. 不当观众。当孩子打滚撒赖时，不当观众。没有观众了，这演员也就没趣了。

体格发育监测标准

1岁半~2岁	
男宝宝	**女宝宝**
身　高　男孩平均87.9厘米	女孩平均86.6厘米
体　重　男孩平均12.2千克	女孩平均11.7千克
头　围　男孩平均48.4厘米	女孩平均47.2厘米
胸　围　男孩平均49.4厘米	女孩平均48.2厘米
牙　数　大多数宝宝长出20颗左右的牙	

宝宝智能发育记录

大动作发育	会倒退着走，能用脚尖走几步；走路姿势是脚跟到脚趾着地，动作顺畅跑得很好，但是可能还会经常摔跤；爬家具、攀爬架和低矮的墙；踢较大的球；爬出婴儿床；上下楼梯；单脚平衡站立
精细动作发育	有目标地扔皮球，手的动作更准确，把瓶里的水倒入碗内，学着画垂直线和圆圈
感知觉发育	认识红色，认识照片中的亲人，认识几种交通工具，知道代词"我"；有一定的记忆力如能认出家中其他的人，会拿凳子让成人坐下，会告诉成人要大小便，对一些图画中的画面有兴趣；能在柜子里找东西
社交能力发展	1岁半~2岁的宝宝大多喜欢各自玩耍，但是能关注和模仿同伴的动作，从与小伙伴的交往中获得特殊经验；在没有父母参与的情况下，宝宝能自己去面对各种从未遇到的交往场景，做出积极、友好的表示，以获得同伴的肯定和接纳
语言能力发育	宝宝的话渐渐复杂起来了。他可能已经掌握了30个词，并开始问一些简单的问题，比如："去哪儿了？"然后用一两个字来回答："那儿。"事实上，他能使用许多由两个词组成的词组。他的词汇里已经包括了代词"我的"和否定词"不能"
睡眠原则	1岁半~2岁的宝宝，一般每天需要13~14个小时的睡眠，每天睡1~2次，每次1~1.5个小时，夜里至少保持10个小时睡眠
大小便训练	教会宝宝自己上厕所并非一日之功，有的宝宝2个月就能学会，而有的宝宝则需要半年才能适应，因此，成人需要做好耐心辅导的心理准备。在教宝宝自己上厕所的同时，还应帮助宝宝逐渐克服尿床的习惯，但解决这个问题则需要半年~1年的时间
自理能力发展	会自己用小匙吃饭，会表示大小便，模仿大人擦桌子、扫地，会脱松紧带裤子，会穿袜子，会用手绢擦鼻涕

最佳喂养方案

★ 这个时期宝宝主要需要的营养

这个阶段的宝宝已经陆续长出 20 颗的乳牙，有了一定的咀嚼能力。如果还没断母乳的宝宝应该尽快换乳，否则将不利于养成宝宝未来适应生长发育的饮食习惯，而且不利于宝宝的身心发展。1 岁半～2 岁的宝宝胃的容量有限，适宜少食多餐。1 岁半之前给宝宝在三餐后加 2 次点心，1 岁半之后减为三餐一点，点心可以在下午。加点心一定要适量，而且不能距离正餐太近，不要影响宝宝正餐的食用。

在给宝宝配餐的时候要注意多加蔬菜、水果。家长在烹饪的时候，也可把蔬菜加工成细碎软烂的菜末炒熟调味。适量摄入动植物蛋白，可用肉末、鱼丸、鸡蛋羹、豆腐等易消化的食物喂给宝宝。奶粉富含钙质，因此宝宝此时每天应摄入 250 ～ 500 毫升。还应注意给宝宝的主食要做到粗粮、细粮搭配，这样可以避免维生素 B_1 缺乏。

★ **给宝宝补锌元素**

锌是人体必需的营养素，如果人体内锌元素缺乏，氨基酸将无法正常合成蛋白质，这样就会导致宝宝无法增长骨骼细胞，从而引起生长发育的障碍，所以家长一定要及时给宝宝补充锌元素。

在日常生活中，应多给宝宝吃锌元素含量多的食物，如鸡蛋、瘦肉、乳制品、莲子、花生、芝麻、核桃、海带、虾、海鱼、紫菜、栗子、杏仁、红豆等都含有锌食材；动物性食物比植物性食物含锌量高。如果经医生检测宝宝确实缺锌时，才可使用药物治疗，正常健康的宝宝都可通过食物补充锌元素。

★ **辅食喂养要点**

要注意观察宝宝的饮食规律和食欲状况。对于 1 岁半～2 岁宝宝来说，可以吃的食品多了起来，胃的排空和饥饿感是在饭后 4～6 小时产生的。饮食过于杂乱，会影响宝宝的食欲，妨碍其消化系统和神经系统的发育。

这个时期的宝宝处在食欲、胃液分泌、胃肠道和肝脏等所有功能的形成发育阶段，所以为了宝宝的营养，除三餐外，应在上午 10 时和下午 3 时各加 1 次点心，否则满足不了宝宝的营养需要。当然也不能饮食过量，会影响宝宝的食欲，引起肥胖。

★ **给宝宝喝酸奶有讲究**

鉴别品种

目前市场上，有很多种由牛奶或奶粉、糖、乳酸或柠檬酸、苹果酸、香料和防腐剂等加工配制而成的"乳酸奶"，其不具备酸牛奶的保健作用，购买时要仔细识别。

一定要注意生产厂家和生产日期，尽可能到大的超市去购买。

要饭后 2 小时饮用

乳酸菌很容易被酸性物质杀死，适宜乳酸菌生长的 pH 值为 5.4 以上，空腹胃液 pH 值在 2 以下，如果此时饮用酸奶，乳酸菌易被杀死，保健作用减弱，饭后胃液被稀释，pH 值上升到 3～5，此时饮用效果会更好，有助于宝宝的消化吸收。

饮后要及时漱口

随着乳酸饮料的食用增多，宝宝龋齿现象也在逐渐增加，这是乳酸菌中的某些细菌导致的。如果宝宝在睡前喝酸奶，并且没有清洗牙齿，在夜间厌氧菌就会损伤牙齿，所以宝宝在饮用酸奶后要及时漱口，以免影响牙齿的健康。

不要加热

酸奶中的活性乳酸菌，如经加热或开水稀释，便会大量死亡，不仅特有的风味会消失，还会让营养物质也损失殆尽。所以饮用时不必加热常温即可，也不要加开水饮用。

★ 不适合宝宝吃的食物

此时宝宝开始学习成人的饮食，但多数的家长会采取"大人吃什么，宝宝就跟着吃什么"，尤其是终日在外面工作的职业女性，大多都会选用以便利性为主的食品，如：饼干、糖果、丸子、酸奶、薯条、汉堡等食物。你知道哪些食物是不适合宝宝食用的吗？

口味较重的调味料

沙茶酱、番茄酱、辣椒酱、芥末、味素或过多的糖等口味较重的调味料，容易加重宝宝的肾脏负担，干扰身体对其他营养素的吸收。

质地坚硬的食物

花生、坚果类及爆米花等食物，容易使宝宝呛到，尽量不要喂食宝宝。此外，像纤维素多的食材，如菜梗或是筋较多的肉类，都应该尽量避免食肉。

经过加工的食品

食品加工过程会破坏维生素，将蔬菜和水果晒干，可破坏维生素C，不过在风干的过程中维生素C损坏较多；水果在加工的过程中，维生素C经糖等泡后几乎完全破坏了；蔬菜经过腌制，维生素C大部分被破坏。

要满足宝宝对维生素C的需要，宝宝多吃新鲜水果和蔬菜即可。

生冷海鲜

生鱼片、生蚝等海鲜，即使新鲜，但未经烹煮过程，容易发生感染及引发过敏的现象。

蜂蜜

蜂蜜是一种纯天然的而且无法消毒的食物，因为含有梭状肉毒杆菌芽孢，当受肉毒杆菌污染时，会在肠道内繁殖并释放出肉毒杆菌毒素，造成肉毒杆菌素中毒，再加上胃肠不易吸收，所以不应该让宝宝过多食用。

经过油炸的食物

过多的食用油炸食品，会使宝宝摄取过多的热量，加上宝宝的运动量比较少，很容易导致宝宝肥胖。另外，油炸食物会破坏食物中的维生素等营养物质，降低食物的营养价值。

宝宝肥胖严重时将会影响到身体的激素代谢，尤其是用于代谢血糖的胰岛素，从而导致宝宝血糖的紊乱。

★ 饱餐后不要马上喝汽水

在进食后，胃黏膜会分泌出较多的胃酸，如果马上喝汽水，汽水中所含的碳酸氢钠就会与胃酸发生中和反应，产生大量的二氧化碳气体，这时胃已被食物完全装满，上下两个通道口即贲门和幽门都被堵塞，因此，二氧化碳气体不容易排出，积聚在胃内，所以胃感到胀痛，当超过胃所能承受的能力时，就有可能发生胃破裂或穿孔。

★ 换乳不宜太晚

给宝宝及时换乳

在宝宝1岁半～2岁期间，没有断母乳的宝宝应尽快换乳，不换乳将不利于培养宝宝适应其生长需求的饮食习惯，更不利于宝宝身心的发展。此时的宝宝营养性贫血较多见，营养性贫血既与生长发育过快有关，也与喂养不当有关系。母乳或牛乳的含铁量都不高，如果没有适当地添加含铁丰富且易吸收的食物，如肉、肝脏、鱼、血豆腐、大豆、小米等，宝宝就很有可能发生缺铁性贫血症状。

在给宝宝添加食物时，应注意添加蔬菜、水果类食物，如柑橘、红枣、番茄等，可提高肠道对铁的吸收率。

宝宝不宜吃纯糖食物

纯糖和纯油脂的食物宝宝不宜过多摄入，如巧克力、糖果、含糖饮料、冰淇淋等食物，摄入过多会造成宝宝食欲下降，影响宝宝的生长发育，特别是在正餐前要禁止摄入纯糖和纯油脂的食物。

在宝宝1岁前是不需要摄入白糖的，1岁以后宝宝可以摄入白糖了，有些父母认为葡萄糖比白糖好而用葡萄糖替代白糖，这种做法是错误的。宝宝摄入的食物中，碳水化合物就是糖类，在体内均可转化成葡萄糖。因此，宝宝不宜再摄入过多的葡萄糖，更不能用葡萄糖代替白糖。

★ 不要喂宝宝太硬的食物

1岁半～2岁的宝宝应该可以吃很多种类的食品了，但是有些食品还是不能喂给宝宝。比如，类似蚕豆等硬的食品不要给宝宝吃，不光是出于牙齿的考虑，这些食品也有可能误入气管导致窒息。

★ 不要强迫宝宝进食

父母强迫宝宝进食，使进餐时的气氛紧张，也会影响宝宝的生长发育。因此，要给宝宝选择适合自己食物的权利。给宝宝制作食物时，可先喂面糊等单一谷类食物，然后再喂蔬菜水果、接着再添加肉类，这样的顺序可帮助宝宝消化吸收，并且符合宝宝消化吸收功能发展的规律。

此时，宝宝的食物就可以是肉泥和固体食物，可以把水果直接给宝宝吃，如苹果、香蕉等。让宝宝自己吃会有很大的乐趣。

给宝宝制作泥糊状食物时，应选择加工后颗粒细小，口感细腻嫩滑的食物，如苹果泥、蒸蛋等，这些食物有利于宝宝的消化吸收，等宝宝出牙后，可给宝宝喂食颗粒较粗大的食物，这有助于锻炼宝宝的牙齿，促进咀嚼功能的发展，这些方式都可让宝宝逐渐适应各种饮食，一定要避免强迫宝宝进食不喜欢吃的食物。

宝宝营养食谱

荷兰豆炒虾仁

材料：荷兰豆 50 克，虾仁 50 克，植物油 1 小匙，
盐、鸡汤各适量。

做法：

1. 将荷兰豆洗净切成 0.5 厘米的块，备用；虾
   仁用温水泡发。

2. 炒锅置于火上，放油，烧至四成热，加入荷
   兰豆煸炒片刻。

3. 再加入虾仁煸炒 2 分钟左右，倒入鸡汤；待
   煨至汤汁浓稠时，放盐调味即成。

草鱼烧豆腐

材料：洗净的草鱼肉 100 克，豆腐 80 克，豌豆苗
10 克，竹笋 10 克。

做法：

1. 鱼肉去刺，豆腐切成小丁；竹笋洗净，切薄
   片；豌豆苗洗净，切段。

2. 炒锅内放油，大火烧至八成热，倒入鱼丁煎
   至金黄色。

3. 往锅中加入葱末、姜末、盐煸炒。

4. 将鸡汤倒入锅中，加竹笋、豆腐，加盖，转
   小火，焖烧 3 分钟左右。

5. 转大火将汁收浓，将豌豆苗、鸡精放入锅中，
   拌匀即可喂食。

日常护理指南

★ 生活环境

为宝宝布置适度刺激的环境

有意识地给宝宝一些粗细、软硬、轻重不同的物品，使其经受多种体验。要注意给宝宝布置生活环境，不能给宝宝的玩具太多、太杂，显得"刺激过剩"，这样反倒使宝宝无所适从，导致宝宝兴趣不专一，注意力不易于集中，也不利于培养宝宝有条理的习惯。

在环境中给宝宝提供的东西不可过多，适度就行，但要注重启发宝宝多想一些玩的方法，激发宝宝动脑动手的兴趣。

给宝宝探索环境的机会

因为这一时期的宝宝会在家里爬上爬下，找东找西。家长不能因为怕宝宝把家里的东西搞乱，而把零散东西收拾起来，除了把危险、不安全的因素"收"起来以外，还应该有意识地提供给宝宝一些不同的、有趣的物品，使宝宝经受多种体验。宝宝也会怀着好奇和兴趣去摆弄各种物品，从中探索到各种物理知识和心理经验，对发展宝宝的智力也是很有利的。

第三章

1岁半~2岁
越来越淘气了

★ 宝宝有嫉妒心理怎么办

从1岁半～2岁起，人的嫉妒心理就开始有了明显而具体的表现。起初，宝宝的嫉妒大多与妈妈有关。生活中，我们常可能看到这样的情形，当妈妈把自己的注意力转移到其他宝宝身上时，宝宝就会以攻击的形式对其他宝宝发泄嫉妒。

嫉妒心理产生的原因

一般宝宝产生嫉妒心理的主要原因有：受大人的影响，有些大人之间互相猜疑，互相看不起，或当着宝宝面议论、贬低他人，会在无形中影响宝宝的心理；另外，有的家长喜欢对自己的宝宝说他在什么方面不如某个小朋友，使宝宝以为家长喜欢其他小朋友而不爱自己，由不服气而产生嫉妒；也有的宝宝则因为能力较强（他自己也认为自己很有能力），而又没有受到"重视"和"关注"，所以，才会对其他有能力的小朋友产生嫉妒。

再有，家长比较溺爱的宝宝，更容易出现这样的问题。只有了解了宝宝产生嫉妒的原因，才能对宝宝进行有针对性的教育。

纠正宝宝嫉妒的方法

建立良好的环境

父母应当在家庭中为宝宝建立一种团结友爱、互相尊重、谦逊容让的环境气氛，这是预防和纠正宝宝嫉妒心理的重要基础；要正确评价宝宝，如果表扬不当或表扬过度，就会使宝宝骄傲，进而看不起他人或对自己产生不正确的印象，继而在特定的情况下，导致嫉妒的产生。

进行谦逊美德的教育

让宝宝懂得"谦虚使人进步，骄傲使人落后"的道理。让宝宝明白即使别人没有称赞自己，自己的优点仍然存在，如果继续保持自己的优点，又虚心学习别人的优点，就会真正地长久的得到大多数人的喜爱。

要引导宝宝树立正确的竞争意识

家长要引导和教育宝宝用自己的努力和实际能力去同别人相比，不能用不正当、不光彩的手段去获取竞争的胜利，把宝宝的好胜心引起积极的方向。

★ 宝宝为什么会说谎

宝宝说谎的原因

宝宝说谎主要有两方面原因：第一，自卫。当宝宝意识到如果实话实说有可能受到惩罚时，宝宝往往会出于自卫的心理而说谎。第二，想象与现实分不清，将未满足的愿望或幻想当成现实。

这种情况是由宝宝正常心理发育的特点所决定的，宝宝的记忆保持时间不长，他们往往会把想象中的事情当做现实中发生的事情，这样就会产生所谓的"说谎"现象。

如何纠正宝宝说谎

首先，父母应该如实传达宝宝即将面临的情感体验，无论这种体验是积极的还是消极的，都应按照宝宝自己感受到的去说。

比如，宝宝生病了需要打针吃药，有些父母往往会骗宝宝说打针不疼、吃药不苦，这种做法是不正确的，即使是善意的谎言。

其次，家长与宝宝说话时，家长不要有言语方面的暗示。

比如，妈妈早上催宝宝起床上学时，宝宝还想再睡一会儿，哼哼唧唧的一脸苦相不愿起床，此时妈妈最好不要问："是不是哪儿不舒服了"之类的话，这会驱使宝宝为达到目的而谎称头痛或肚子痛。

再次，父母作为宝宝的启蒙老师，在日常生活中应言行一致，尤其应避免当着宝宝的面说谎。如果家长以身作则，宝宝也会参照而形成诚实的品质。

最后，父母应尽量做到奖惩有度。

如果宝宝是出于好奇、顽皮、不小心而非故意做错事，父母就不应粗暴体罚，而要耐心教导。如果宝宝犯了错误还说谎，父母此时应加大惩罚力度，因为他在第一个错误未更正的情况下，又犯了第二个错误。

家庭医生

★ 宝宝高热不退是怎么回事

一般情况下，由于宝宝体温调节中枢发育尚不完善，对外界的刺激反应易于泛化，因此，常会发烧到39℃~40℃。

这个年龄段的宝宝出现高热不退的原因，除感冒外，还可考虑为患儿急疹，但这种情况多在高热四五天后体温下降，全身出疹，病情好转。若宝宝患扁桃体炎、急性中耳炎，高热也多维持数天不退，应到医院请医师确诊。

有些家长既不给宝宝服药，又没有对其进行精心护理，只知道带宝宝去医院，甚至1天去4~5次医院，其实这种做法对宝宝病情反而不利。

小贴士

请家长们注意：

高热患儿除按时服药并进行物理降温外，宜在通风良好（不是穿堂风）的房间里休息。家长需注意及时给患儿补充水分，观察其尿量，尤其是饮食要求易消化、富于营养的半流质食物。

★ 如何预防宝宝急性结膜炎

一急性结膜炎是细菌或病毒感染所导致的眼结膜急性炎症。急性结膜炎的患儿发病急，常见的症状有眼皮发红、肿痛、怕光、白眼珠发红、眼角分泌物多、睡醒时甚至睁不开眼，有时眼周、颊部也红肿，并伴等症状。

这种病传染性很强，因此，患儿的眼泪及眼角分泌物接触到的物品，如脸盆、手巾等，都应单独使用；给患儿点眼药的前后都要用肥皂洗手；不要用给患儿擦过药的手揉眼睛；在医生的指导下使用眼药，再服用消炎药就可以很快治愈。

★ 提防宝宝啃咬物品中毒

防范原因

此阶段的宝宝喜欢往嘴里放一些东西，有些东西可能含有毒性，在宝宝将一些东西送入口中的时候，危险也随之而来，所以，家长一定要做好监护工作，提防宝宝啃咬东西中毒。

安全防范措施

一些文具含有毒素，如铅笔外面的彩色图案可能含有重金属，这会在宝宝啃咬时发生危险，所以应教育宝宝不要啃咬铅笔或其他一些物品。

宝宝的一些饰品也会给宝宝带来危害，如亮晶晶的耳环、项链、手链或脚环等，这些都是宝宝的最爱，但这些饰品的材质中含有毒性，如铅等，并且对于小件的饰品，宝宝还有可能吞入肚子而发生危险，所以，家长尽量不要让宝宝佩戴饰品，并且还要将一些小件的饰品收起来，以免宝宝吞进肚子发生危险。另外，其他的一些东西都要预防宝宝啃咬，随时发现随时制止。

当然，对于处于口欲期的宝宝来说，制止他不往嘴里放东西是不可能的，所以，为了满足宝宝特殊的生理需要，也可以适当的买些淀粉玩具给宝宝玩，这种玩具以淀粉为材料制作而成，避免了其他物品可能产生毒性的特点，这样即使宝宝啃咬，也不会出现问题。

宝宝智力加油站

★ "淘气包"的个性管理与培养

1岁半～2岁的宝宝，喜欢冒险，喜欢高速摇摆的秋千和滑梯所带来的加速度快感，整天似乎都有用不完的精力。

"脏兮兮"的探险家

这时的宝宝在公共场所，总是爱乱摸东西，小手、小脸以及衣服总是脏兮兮的。真是见什么摸什么，可以说在宝宝的世界里是没有"脏"的概念的。

其实，这是宝宝对自己未知的世界充满了好奇，通过自己动手去探索、认识和了解世界、自娱自乐的一种方式。所以，爸爸妈妈不能因为怕"脏"而阻止宝宝的探索行为，脏了洗干净就可以了，重要的是要让宝宝自己在玩中学会思考和观察，比如沙子是一粒一粒的；水是可以流动的；石头是硬的；泥巴是软的等等，如果不通过亲身体验，宝宝又怎么能知道呢？

爱"抢夺"的小霸王

这时的宝宝还有一些让大人更头痛的"坏"习惯，比如电话响了他要抢着接；看电视的时候抢遥控器；把电视打开再关掉；用电脑的时候抢鼠标等等，俨然成了一个有"抢夺"欲望的小霸王，这些真让人十分头痛。

像宝宝抢电话、抢遥控器、抢电脑鼠标的目的除了好奇，更多的是他想模仿大人的行为。这就好比宝宝模仿大人的发音才能叫出"爸爸、妈妈"一样，也是宝宝成长的过程。因此，每当电话响了，爸爸妈妈最好让宝宝先听听里面的声音；在看电视的时候，如果要换台就让宝宝来拿遥控器……这样做不仅满足了宝宝的好奇心，也为他提供了充分模仿学习的机会，"抢"东西的"坏"习惯也就自然消除了。

作为爸爸妈妈，只要试着把所谓的"正确"放在一边，仔细观察、思考、探究一下宝宝这些行为背后的原因，所有烦恼就迎刃而解了。

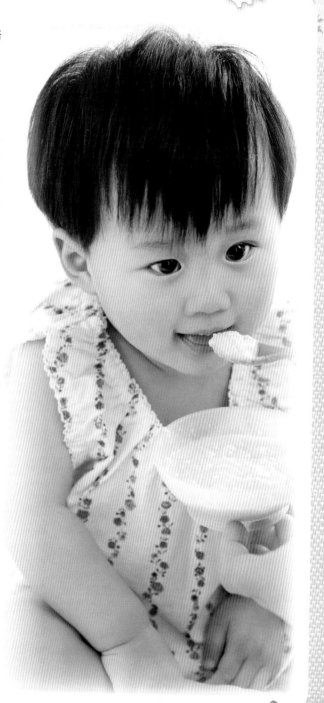

★ 宝宝生活能力培养训练

在这个时期要注重对宝宝生活能力的培养，妈妈应继续鼓励宝宝做力所能及的事，培养良好的睡眠、饮食、卫生等习惯和爱劳动、关心别人的品德。

教宝宝自己解开扣子，脱掉衣服，大小便后自己提裤子，洗手后用毛巾擦干手并将毛巾放回原处，自己用匙吃饭，游戏结束后将玩具收拾好放回原处等，这些都属于生活能力的范围。

一日三餐

可安排宝宝每日早、中、晚三餐主食，在早、中餐及中、晚餐之间各安排一次点心。

教育宝宝睡觉前刷牙

妈妈可以先教宝宝刷牙的方法：前面上下刷，里面左右刷，打开门儿横着刷、竖着刷。

可以训练宝宝认识牙刷并知道牙刷的用途，还可以通过学习儿歌，教育宝宝从小养成讲卫生的好习惯。

饭前便后要洗手

对于宝宝来说，学会任何一种新的本领都是一件复杂的事。爸爸妈妈要有耐心，使宝宝能顺利地掌握构成技能的每一个动作。

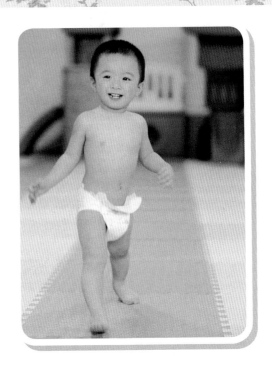

★ **大运动智能培养训练**

这时的宝宝运动能力强，尤其喜欢追着别人玩，也喜欢被别人追着玩。爸爸妈妈可以利用宝宝的这种特点，和他一起玩互相追逐的游戏，帮助他练习走和跑。

这时的宝宝有起步就跑的特点，爸爸妈妈注意不要让宝宝跑得太远、太累，要注意安全。

此阶段宝宝大运动智能发展	
攀登	在爸爸妈妈的保护下，能在小攀登架上、下2层
迈过障碍	能迈过8~10厘米高的杆
钻圈	能先低头、弯腰、再迈腿
投掷	能将50克重的沙包投出约爸爸妈妈的一臂远

小小斗牛士

适合月龄：1岁半~2岁的宝宝

游戏过程：游戏开始时，让宝宝俯卧在毯子上，两手向前举起伸直，爸爸妈妈拉着宝宝的两手说："小树苗，快长高！"同时拉着宝宝的双手向上提，宝宝就从俯卧位改变为跪位。妈妈接着再说："小树，小树，快长高！"拉着宝宝的手再往上提，使其从跪位改变成蹲位，最后让宝宝站立起来。

游戏目的：训练宝宝俯卧、跪立、下蹲、站立等动作。

★ 宝宝精细动作训练

这个时期，父母可以通过游戏、手工制作，鼓励宝宝做力所能及的事，促进手部动作的稳定性、协调性和灵活性，以促进宝宝精细动作能力的发展。这时宝宝的精细动作可达水平：

折纸	会折2～3折，但不成形状
搭积木	能搭高5～6块
穿扣眼	用玻璃丝能穿过扣眼，有时还能将玻璃丝拉过去
握笔	在父母的带领下，初步会握笔，在纸上画出道道
穿衣裤	会配合大人穿衣裤，会脱鞋袜

宝宝传笔

适合月龄：1岁半～2岁的宝宝

游戏过程：爸爸或妈妈用示指与中指将笔夹住，然后将笔传给宝宝，轮流地传来传去，如果不小心把笔掉在地上，可以重新开始。先是传比较轻的彩笔，再传比较重一点的钢笔。待宝宝熟悉整个游戏过程后，可以先让宝宝开始传，让宝宝自主选择他自己喜欢的笔开始传。

游戏目的：这个游戏让宝宝学会手眼协调，精细化的手部训练也会让宝宝的思维变得更敏捷。

巧手剥棒棒糖

适合月龄：1岁半～2岁的宝宝

游戏过程：爸爸妈妈把盒子拿给宝宝，示意宝宝自己打开。当宝宝成功打开后，再鼓励其认真观察棒棒糖纸上的图案并剥开。宝宝成功做到后，妈妈可以和宝宝一起分享美味的棒棒糖。

游戏目的：培养宝宝的观察能力、耐心和精细动作能力。

★ 宝宝的语言能力培养

宝宝从 1 岁半~2 岁的语言能力发展，是从"被动"转向"主动"的活动时期，这时宝宝非常爱说话，整天叽叽喳喳说个不停，表现得极其主动。

在这个时期，宝宝学说话积极性很高，对周围事物的好奇心也很强烈，因此，这时爸爸妈妈要因势利导，除了在日常生活中巩固已学会的词句以外，还要让宝宝多接触自然和社会环境，在认识事物的过程中启发宝宝表达自己的情感，鼓励宝宝说话。

爸爸妈妈应该为宝宝提供良好语言环境，增加宝宝与人交往的机会，并且要注意自己的语言，尽量做到发音正确，口齿清楚，语句完整，语法合理，使宝宝易懂、易模仿。

让宝宝同娃娃讲话

宝宝在玩布娃娃时，口里会不断地发出古怪的声音，讲一些让人听不太懂的话。随着宝宝一天天长大，宝宝语言能力不断提高，这时爸爸妈妈可以培养宝宝慢慢地模仿爸爸妈妈的口气说"噢，乖乖，不哭""饿啦，妈妈喂"等，让宝宝自言自语和娃娃一起玩。

说出一件物体的用途

在宝宝掌握了一些常用物品的名称之后，爸爸妈妈要告诉宝宝这些物品厂是做什么用的。可以先从宝宝最熟悉的物品开始让他了解其用途，例如勺子是吃饭用的、奶瓶是喝水的、饭碗是盛饭的等等。

然后，还可以进一步告诉宝宝钥匙是开门用的、雨伞是挡雨用的……让宝宝渐渐说出一些物品的用途。

说出自己的名字

在宝宝能够使用小朋友的名字称呼伙伴的基础上，教宝宝准确地说出自己的大名、性别和年龄。

可以教宝宝记住爸爸和妈妈的名字，但是一般情况下，要让宝宝称呼为"爸爸"和"妈妈"，不可以直呼爸爸妈妈的名字。

★ **数学启蒙训练**

宝这个时期的宝宝空间意识加强，他们具备上下、里外、前后方位意识，并且知道空间是一个具体概念。同时，他们的逻辑思维能力也在加强，对于图形、色彩、分类等与数学相关的概念都能掌握。

爸爸妈妈应该在生活和游戏中多教宝宝一些相对概念，如大与小、高与矮等，并让宝宝进行比较，同时还要和宝宝多玩一些归类、配对游戏，促进他们逻辑推理能力的发展。

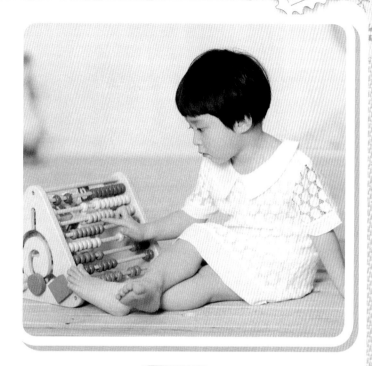

配配对

爸爸先取红色、黄色、白色等不同颜色的小球若干，然后，任意取出一种颜色的小球，再让宝宝取颜色相同的小球，进行配对。

当家中有两个或两个以上的宝宝时，爸爸妈妈还可以进行"看谁拿得又对又快"的游戏。

分分类

爸爸准备一副扑克牌，让宝宝按花色形状分成几堆，如按方块或红心。随后，可以让宝宝按红色和黑色分类，最后可按数字分类。这是一种学习颜色、形状和数字概念的极佳的游戏。

欢乐宝宝跳飞机

适合月龄：1.5 ～ 2 岁的宝宝

游戏过程：妈妈协助宝宝把大数字板铺在地上，然后妈妈发出指令让宝宝跳到相应的数字上，比如妈妈说"1"，宝宝就跳到写有数字"1"的数字板上。然后加大难度，比如让宝宝把左手放在有数字"6"的数字板上等等。

游戏目的：让宝宝学会跳跃、抓取和认识数字。

第三章

1岁半~2岁
越来越淘气了

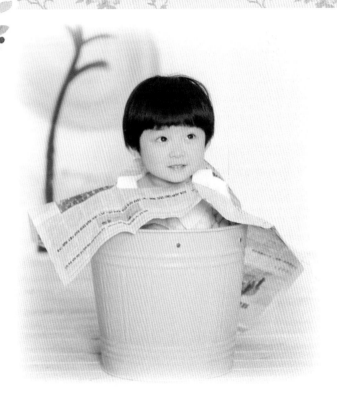

★ 认知能力培养与开发

在这个年龄，宝宝能够区别出少与多，能够明白1就是指一个物体，2、3等数词就表示多个物体，不过真正计数还要到宝宝更大一些才会。这一时期，宝宝记忆力与观察力大大增长，爸爸妈妈要注重宝宝这两方面能力的培养。

记忆力的培养

实物记忆：让宝宝回忆起不在眼前的实物，妈妈可给宝宝一件玩具，让宝宝注视着你将玩具放到盒中，盖上盖子，再让宝宝说出盒中玩具的名称。

词汇记忆：妈妈在讲述宝宝较熟悉的故事或教宝宝念宝宝熟悉的童谣、唱宝宝熟悉的歌时，可以有意识地停顿下来让宝宝补充，由易到难。

开始时可以让宝宝续上单字，以后可逐渐让宝宝续上一个词、一句话，这既可促进宝宝记忆力的提高，还可发展宝宝的语言能力。

观察能力的培养

比较高矮：让宝宝看爸爸比妈妈高，宝宝比妈妈矮。用玩具比比看，哪种动物高，哪种动物矮，或直接带宝宝到动物园实地参观。

培养上下、里外、前后方位意识：比如游戏时说："球在箱子里。""小车在箱子外面。"等等。

辨别多少：如分糖果给家人，看看分的是否一样多，放桌上比比看谁多谁少。也可以用专门的图画，训练宝宝认识多少。

★ 宝宝社交能力训练

宝宝到 1 岁半时，就能够说 50 个词语，并呈级数增长。这时，宝宝开始把词连成句子，而且理解能力远远超出表达能力。当妈妈说"逛街去"，宝宝就会去拿鞋。到宝宝 2 岁时，就能够听从一些简单的指令，比如爸爸说"去拿本书"，宝宝就会去把书拿过来。

此时期的宝宝已有了语言，可以较多地和人交往，因此爸爸妈妈要教育宝宝初步懂得与人交往中一些简单的是非概念。

打招呼

爸爸妈妈要经常示范早晨见到人要说"早上好"，离家时挥手说"再见"，接受东西要说"谢谢"，同时要鼓励宝宝模仿。

辨别是与非

在日常生活中，与宝宝一起评论简单的是非观念，使宝宝自己分辨哪些是好事，哪些是坏事。要注意及时表扬宝宝所做的每一件好事。用眼神和手势示意，防止宝宝做不应做的事。并利用讲故事和打比方的办法让宝宝猜想事情的后果。

爸爸妈妈应常带宝宝到户外、公园去玩，鼓励他与人交往，并引导宝宝仔细观察遇到的事物，告诉宝宝他遇到事物的名称和特点，以提高宝宝的交流能力。

宝宝懂事了

适合月龄：1 岁半～ 2 岁的宝宝

游戏过程：妈妈把苹果递给爸爸，爸爸要说："谢谢"；爸爸把饼干递给妈妈，妈妈也说："谢谢"，"宝宝把苹果给妈妈，好吗？"若宝宝不会，妈妈轻轻取过来说："谢谢，宝宝真乖！"让宝宝也学会把苹果递给爸爸妈妈。

游戏目的：让宝宝在爸爸妈妈的言行中学会礼貌地同别人交往，发展良好的社交能力。

第四章
2～3岁
开始为入园
做准备

2～3岁
宝宝如何养育

养育重点

1. 可以多陪宝宝游戏，用孩子的心态去扮演其中的角色，用成人的智慧去引导而不是控制游戏。

2. 2～3岁的宝宝学会自私，经常拒绝与别人分享玩具，只关心自己的需要，不理解他人的感受，这些都是正常发展的过程，父母不必担心，他们会很快会度过这个阶段。

3. 训练宝宝勇敢地独自睡觉。

4. 这个时期的宝宝，容易尿床，家长应该宽容以对，不斥责打骂孩子，但可以适当干预，让孩子形成躺着就不会小便的条件反射。

5. 让宝宝做力所能及的事情，不要怕他把事情弄糟，即便失败了也要鼓励其重新再做。这样可以培养出宝宝耐受挫折、努力坚持的性格。

体格发育监测标准

2～3岁		
	男宝宝	女宝宝
身　高	平均95.1厘米	平均94.2厘米
体　重	平均14千克	平均13.4千克
头　围	平均49.2厘米	平均48.5厘米
胸　围	平均50.9厘米	平均49.7厘米
牙　齿	乳牙已经长全，共20颗	

宝宝智能发育记录

大动作发育	会跑、会踢球、会双脚离地跳，双脚交替上楼梯，从未级台阶往下跳；双脚交替下楼，单脚站10秒钟，会骑小三轮车，举手过肩扔球
精细动作发育	会用6块积木或棋子搭高楼，学画圆形；能系扣、折纸、穿珠子，学画十字
感知觉发育	说出几种水果名称，说出常用物品的用途，背数到5；分清上、下，知道"大、小"，认识圆形、方形、三角形等形状，认识3种颜色
社交能力发展	开始与小朋友一起玩，喜欢藏起来让别人找；随音乐节奏拍手、敲鼓
语言能力发育	会背整首儿歌，能说出自己的姓名及妈妈的姓名；会说4～5个字的句子，会唱歌，会说"你、他"，听故事时会回答一些简单的问题，回答反义词
睡眠时间	2～3岁的宝宝每日需12～13个小时。大部分宝宝会在晚上7～9时入睡，早晨6～8时起床。从表面上看，孩子的睡眠周期与成人很相近了，但其实与成人相比，孩子经历更多次浅睡眠和深睡眠的转换。因此，在一整夜的睡眠过程中，孩子短暂醒来的次数要比成人多
大小便训练	晚上控制小便是最难的一件事，让2～3岁的宝宝一连四五个小时不排尿是不可能的。晚上不尿床的信号是孩子半夜总是醒来，但没有尿湿床褥。这种情况下应让宝宝起床坐便盆，鼓励宝宝小便后再上床入睡
自理能力发展	会自己洗手，自己上厕所；会穿鞋、穿短裤等简单衣服；能记住自家门牌号

最佳喂养方案

★ 这个时期宝宝需要的主要营养

饮食如何安排

宝宝2岁以后走路已经很轻松自如，行走的范围也不断扩大，智力发展正处于很关键的时期，所以这个时期一定要给宝宝补充足够的营养和热量来满足宝宝的需求。

加强宝宝的咀嚼能力

2岁以后的宝宝已长出20颗左右的乳牙，有了一定的咀嚼能力，把肉类、蔬菜等食品切成小片、细丝或小丁就可以，不仅能满足宝宝对营养需求，还可以加强宝宝的咀嚼能力。饺子、包子及米饭等，还有各类面食都适宜这个时期的宝宝。

适当给宝宝吃些点心

根据宝宝食量的大小，每天安排三餐和一次点心，以确保每天摄入足够的营养和食物。

可以选用水果、牛奶、营养饼干等作为点心，但为了不影响正餐要控制宝宝吃点心的数量和时间。

不要给宝宝吃刺激性的食品

为了增进宝宝的食欲，宝宝的饮食要考虑到品种及色、香、味、形的变换，但是不能给宝宝吃刺激性的食品，比如酒类、辣椒、咖啡、咖喱等，也不应该给宝宝吃油条、油饼、炸糕等食品。

注意食品种类的多样化

豆类、鱼、肉、奶、蛋、水果、蔬菜、油各类食品都要吃。各类食品之间要搭配合理，粗细粮食品、荤素食品摄入的比例要适当，保证营养均衡，不能偏食。

每天要吃主食100～150克，蛋、肉、鱼类食品大概75克，蔬菜100～150克，还需250克左右的牛奶。

★ 给宝宝制作安全好吃的零食

宝宝吃零食的问题很多妈妈都左右为难，不给宝宝吃零食，又有点不近人情，也不可能不吃；给宝宝吃吧，又担心宝宝娇弱的身体受到添加剂的伤害。试试自己动手给宝宝制作健康的小零食。

名称	原料	方法
自制烤薯片	红薯(紫薯)，植物油	先把红薯洗干净去皮，切成块；烤盘刷满植物油，把切成片的红薯铺平放在烤盘里；烤箱预热到160℃后把红薯片放入烤盘，时间为40～45分钟
奶油玉米	玉米棒，植物黄油，冰糖	先把玉米棒洗干净，切成3厘米厚的小段；将切好的玉米段放入锅里，加适量水和冰糖，用大火烧开后，用中火煮30分钟，然后放入少许植物黄油，使玉米带有香香的奶油味

栗子鸡块

材料：鸡肉 100 克，栗子 50 克。植物油 100 克（实耗 15 克），酱油 10 克，盐 3 克，白糖、葱、姜各 5 克，淀粉适量。

做法：

1. 将鸡肉洗干净，去鸡脚、鸡头、鸡脖，然后切成小块。

2. 将带皮生栗子剪成十字花刀口，用水洗净放入锅内煮透，捞出剥皮待用。

3. 将油放入锅内，烧至五六成热，将葱、姜、鸡块投入锅内煸透，加入酱油、水（以浸过鸡块为度）、白糖、盐，开锅后，将栗子放入，盖上锅盖，转微火烧至八成烂时，将汁靠去一部分，移到大火上，用淀粉勾薄芡，淋少许明油即可出锅。

什锦鳕鱼丁

材料：鳕鱼肉 100 克，腰果 50 克，鸡蛋白 1 个，青椒块、红椒块各 25 克。植物油适量，葱、姜、蒜各 5 克，盐、鸡精各 1/2 小匙，淀粉 1 大匙，香油 1/2 大匙，鸡汤 50 克。

做法：

1. 将鱼肉洗净、切丁，加适量盐、鸡精、淀粉调匀，用鸡蛋白上浆备用。

2. 锅点火，油烧至四成热，放鱼丁滑散、滑透，捞出沥干，油烧至五成热时，放腰果炸至熟透，捞出沥油待用。

3. 锅中留适量底油，先放入葱末、姜末、蒜末、青椒、红椒炒香，再添入鸡汤，加入盐、鸡精调匀，然后放入腰果、鱼丁翻炒至入味，再用淀粉勾芡，淋入香油，出锅装盘即可。

日常护理指南

★ 宝宝穿衣能力培养训练

宝宝在上了幼儿园之后，必须要自己穿、脱衣裤，如果宝宝在家没有掌握这项本领，到了幼儿园后，看到别的小朋友会自己穿、脱衣裤，内心就会产生紧张甚至自卑的心理，这对宝宝尽快适应入园生活和心理健康发展会产生不良的影响。

爸爸妈妈必须在入园前，就教会宝宝自己穿、脱比较简单的衣物。

穿上衣训练

通常，宝宝的上衣有的前面系扣，有的套头，套头的衣服穿起来相对比较麻烦，因此爸爸妈妈可先从教宝宝穿前面系扣的衣服开始，再教他穿套头衫。刚开始，爸爸妈妈可以通过玩游戏的方式，激发宝宝穿衣时配合的热情。如让宝宝学习把胳膊伸进袖子里，可以这么说："宝宝的小手要钻山洞了。"慢慢地，宝宝就会自觉地把胳膊伸进去。

扣扣子

教宝宝学扣扣子时，爸爸妈妈要先告诉宝宝扣扣子的步骤：先把扣子的一半塞到扣眼里，再把另一半扣子拉过来，同时配以很慢的示范动作，反复多做几次，然后让宝宝自己操作，并要及时纠正宝宝不正确的动作。

穿套头衫

穿套头衫时，要先教宝宝分清衣服的前后里外，领子上有标签的部分是衣服的后面，有兜的部分是衣服的前面，有缝衣线的是衣服的里面，没有缝衣线的是衣服的外面。然后，再教宝宝穿套头衫的方法：先把头从上面的大洞里钻出去，然后再把胳膊分别伸到两边的小洞里，把衣服拉下来就可以了。

小贴士

帮宝宝找到穿错的原因

开始时，宝宝难免会犯一些小错误，比如把裤子的前后里外穿反了，或是将两条腿同时伸到一个裤管里了等。此时，爸爸妈妈不要急着纠正，可以询问宝宝是否感觉到不舒服，或是把宝宝带到镜子前请他"欣赏"自己的样子，通过这样的方式，让宝宝找到出现错误的原因，然后让他重新穿一遍。

第四章

2~3 岁
开始为入园
做准备

穿裤子训练

学习穿裤子和学习穿上衣一样，都要先从认识裤子的前后里外开始。裤腰上有标签的在后面，有漂亮图案的在前面。

爸爸妈妈先教宝宝把裤子前面朝上放在床上，然后把一条腿伸到一条裤管里，把小脚露出来，再把另一条腿伸到另一条裤管里，也把脚露出来，然后站起来，把裤子拉上去就可以了。

穿鞋子训练

给宝宝准备的鞋子最好是带粘扣的，这样比较方便宝宝穿、脱。妈妈要先教宝宝穿鞋的要领：把脚塞到鞋子里，脚指头使劲儿朝前顶，再把后跟拉起来，将粘扣粘上就可以了。对宝宝来说，分清鞋子的左右，是一件困难的事情，通常需要很长的时间练习才能掌握。

★ 怎样教宝宝自己的事自己做

当宝宝满2岁以后，家长就要开始培养宝宝的自主能力，让宝宝学洗手、系鞋带、扣纽扣等。即使父母现在花点时间，麻烦一点儿，只要宝宝掌握了方法，将来父母就会变得轻松起来。

环境约束

现在的宝宝都有很多玩具，宝宝在2岁左右就应该让他养成整理东西的习惯，家长可以适当协助宝宝。父母要在宝宝的手够得到的地方，为宝宝做一个整理架，让宝宝自己把容易收藏的玩具放在架子上。

父母在给宝宝做整理架时，可以给架子贴上蓝、黄、红、绿等颜色的纸带，玩具上也贴上这些颜色，以帮助宝宝放置各类玩具，贴有红色纸带的玩具就让宝宝收藏在有红色纸带的架子上。

小贴士

让宝宝学会整理

不要让宝宝一次拿出很多玩具，要让他养成整理好一个再拿下一个的习惯。这样训练下去，宝宝最后的整理工作就会变得很轻松。这种习惯的养成最初要用命令的方式进行，父母要有一些强制性的指导，才能让宝宝养成习惯。

让宝宝学习简单的技能

如果父母认为2～3岁的宝宝什么都不能做，那就错了。事实上，在宝宝2岁左右时，父母就可以把一块擦桌布放在他的手中，让他学着干家务，此外，还可以叫宝宝帮忙拿东西，擦桌子、椅子，扫地等简单的家务，所以，家长可以找一些简单的事让宝宝做。

让宝宝在生活中学习简单的技能是一种有效的教育方式。在教宝宝学习这些简单的技能时，无论宝宝做得怎样，家长决不可批评宝宝。家长的批评会让宝宝丧失信心，而且还会让宝宝感到自卑。宝宝自己动手做事的习惯就难以养成，直接影响了宝宝以后的自理能力。由此可见，家长应该重视宝宝的做事成果，鼓励宝宝做事，宝宝就会对自己更有信心，也会增强生活的自理能力。

★ 培养宝宝的自我保护意识

引导宝宝记住父母或家人的名字、地址等；不要碰家里的一些危险用品，如插座、煤气、酒精等。告诉宝宝不能乱吃药，特别是带甜味的药品；宝宝生病的时候，告诉宝宝怎样做才对身体恢复有好处，生病期间哪些东西不能随便吃。总之，只要家长有了安全意识，宝宝在潜移默化中也会树立安全意识，当然就会在日常的生活和活动中提高自我保护的能力。

★ 乳牙疾病危害大

宝宝小小的乳牙如果护理不当，会给宝宝带来无法弥补的危害。

危害	原因
影响肠胃功能的发育	乳牙疾病产生的痛苦，会让宝宝因疼痛而无法将食物咀嚼完全，这样会增加宝宝肠胃的负担，造成消化不良或其他方面的肠胃疾病
影响营养的均衡摄入	宝宝正处在快速的生长发育期，然而乳牙疾病会降低宝宝的咀嚼功能，影响营养的摄入，对宝宝的成长带来危害
影响颌面部的正常发育	咀嚼功能的刺激能促进颌面骨正常发育。若乳牙疼痛，宝宝容易养成偏侧咀嚼的习惯，时间长了，容易使两色颌骨和面部发育不对称
影响心理发育	乳门牙若人早断折，尤其是在宝宝3岁之前，易对宝宝发育造成影响，若受到小朋友的取笑，会使宝宝变得不爱开口说话，丧失自信心，导致心理问题
影响恒牙的正常萌出	如果乳牙龋坏严重，会影响宝宝恒牙胚的发育和形成；若因产生龋齿而过早脱落，会使恒压的萌发空间丧失，导致恒压排列不整齐

宝宝智力加油站

★ 宝宝个性培养与生活自理训练

对于 2～3 岁的宝宝来说，许多令人兴奋的事情都发生在这个阶段，所以该阶段对宝宝是一个挑战。对于爸爸妈妈来说，这并不是一个令人讨厌的阶段，而是一个令人惊奇的阶段。

这时宝宝会处处模仿大人——妈妈扫地他也扫地；爸爸擦桌子他也擦。在自理能力上，开始学着大人的样子拿起牙刷刷牙。在个性上，这时宝宝既独立又依赖，因此好多做爸爸妈妈的都抱怨说："我家的宝宝快成了'小尾巴'了。"

宝宝的个性发展与培养

2～3 岁的宝宝个性发展非常快，这时宝宝体会到了自己的意志力，懂得有可能通过争斗来统治别人。这时候宝宝的括约肌也开始发挥作用，宝宝学会了控制大小便，可是一旦失禁并挨了训斥，宝宝就会觉得羞愧。这个时期宝宝的性格可以从三个方面来描述：

活动性，即所有行为的总和，包括运动量、语速、充沛的活动精力等等；情绪化，即易烦乱、易苦恼、情绪激烈，这样的宝宝比较难哄；交际性，即通过社会交往寻求回报，这样的宝宝喜欢与别人在一起，也喜欢与别人一起活动，他们对别人反应积极，也希望从对方那得到回应。宝宝的性格是这三个部分的混合体，三部分的比例可能有多有少。

不同个性宝宝的培养方案	
好动的宝宝	好动的宝宝动个不停，睡眠不多，爸爸妈妈要适应他的这种特点，并且鼓励宝宝在其他两方面也要有所发展
情绪化的宝宝	情绪化的宝宝爱哭闹，爸爸妈妈就要细心的照料、支持、指导和帮助宝宝，这样会让宝宝觉得更安全些，也就不会那么易于激动了
爱交际的宝宝	爱交际的宝宝与好动的宝宝一起玩游戏能鼓励他们集中注意力，并延长他们集中注意力的时间

第四章

2~3 岁 开始为入园 做准备

宝宝的心理特征与教育

这时宝宝的逆反心理开始出现，并且好奇心也很强，于是凡事宝宝都想自己解决，但由于经验不足，不仅常常把事情搞砸了，也会给身边的人带来很多麻烦。此外，这时宝宝的依赖心理与分离焦虑情绪也很明显，由于这些个性特点，使宝宝很难与人相处。

依赖心理与分离焦虑

妈妈才刚离开一会儿，宝宝就早已鼻涕眼泪的涂了一脸，这到底是怎么回事呢？本阶段正是宝宝产生"依赖"心理之时，因此这时宝宝会对最亲近的人产生"分离焦虑"，他就像一块橡皮糖似的黏着妈妈，否则就会哭闹不休。在这时，爸爸妈妈常常会考虑是否应该将宝宝送入幼儿园。

逆反心理

这时宝宝的逆反心理也出现，凡事都想自己来做。由于各种能力的不断增长，宝宝会走、会跑、会说话，所以他会常常觉得："我已经长大了，可以自己完成所有的事。"以至于凡事都想自己来做，但是往往做得不是很好，弄得爸爸妈妈也跟着紧张。

对于照顾者来说，2 岁多的宝宝真是太难对付了，不闹时乖得像可爱的小天使，一旦发起脾气来简直像个"小恶魔"，实在让人不敢领教。

难以与人相处

2 岁多的宝宝即使上了幼儿园，通常也是老师心中难缠的角色，因为这时的宝宝比较容易出现抢同学玩具的情形，偶尔还会出现咬人、推人的情况。其实，这与宝宝心理的变化有一定的关系。

宝宝刚从舒适的家里进入另一个陌生的环境，难免会有些不适应，在家里他是唯一的宝贝，他会理所当然地认为："所有的东西都是我的！"看到别人有的东西自己也想拥有，这是 2 岁宝宝的一个特性，也是爸爸妈妈和老师们最感棘手的问题。

2～3岁宝宝的阶段教育

2～3岁的宝宝心理和行为都在发生变化。随着智力和语言能力的发展，宝宝开始有了一些属于自己的想法，但是由于没有自己处理事情的实践经验和能力，因此常常会有一些不容易让别人理解的行为出现，从而造成爸爸妈妈的困扰，增加了亲子之间的冲突。

但是如此反而会让宝宝更加任性，爸爸妈妈应该拥有正确的教养观念：疼爱宝宝，但不要溺爱宝宝，在宝宝淘气时要坚持原则；当宝宝吵闹时，要用他可以理解的话语告诉他，那样做是不对的。

与宝宝更好相处的教育方法	
一致性的教育模式	如果宝宝已经入托了，爸爸妈妈要多与学校的老师沟通。爸爸妈妈可以将宝宝在家里的情况记录下来，然后将记录带到学校和老师一起讨论，建立起家庭教育和学校教育尽量一致的教育模式，这样才不会使宝宝无所适从，同时对宝宝的心理和行为也比较容易把握，易于引导
故事教育	许多爸爸妈妈也许会质疑："和小宝宝讲道理，他能听得懂吗？"可千万别小看宝宝的能力，用宝宝听得懂的语言与他对话，效果通常都不错。很多时候，用讲故事的方式来引导宝宝，尝试和宝宝正向沟通，或许会有意想不到的效果
坚持原则	不少爸爸妈妈在宝宝耍脾气时，会采取妥协、满足宝宝的需求等消极的解决方式，以求能迅速地让宝宝安静下来

二人三足

适合月龄：2～3岁的宝宝

游戏过程：把绳子绑在妈妈和宝宝的脚上，一起向预定的终点进发；边走边可以喊"1、2、1、2"的口号，促进两个人行动一致。

游戏目的：让宝宝学会互相合作。

跷跷板

适合月龄：2～3岁的宝宝

游戏过程：妈妈的大手牵着宝宝的小手，让宝宝坐在妈妈的脚上，用妈妈的大脚托起宝宝，然后妈妈的脚上下摆动，让宝宝找到跷跷板的感觉。

游戏目的：培养亲子之间的情感，营造和谐的家庭气氛。

第四章

2~3 岁
开始为入园
做准备

★ 如何培养宝宝的好品质

3岁前期是个性的奠基和萌芽时期，从这时起培养宝宝品质，有益于宝宝将来成为一个热爱生活、有所作为的人。宝宝的良好品质大致有：爱心、快乐、信念、勇气、正直。

五种优良品质

五种良好的人格品质	
1. 爱心	爱心是美的心灵之花，有助于形成良好的情操。爸爸妈妈本身具有一颗仁慈的心，宝宝能模仿和体验到爸爸妈妈的爱心，并能逐渐获得爱心
2. 快乐	快乐的经历有助于造就高尚而杰出的个性，使人热爱生命。让宝宝做他自己想做的事情，并让宝宝在亲子交往中获得快乐，有助于培养宝宝乐观向上的精神和活泼开朗的性格
3. 信念	在这时期虽然宝宝还谈不上有信念，但已经有了自己幼稚的计划和愿望，爸爸妈妈要慈爱而耐心地倾听，并予以鼓励
4. 勇气	在宝宝遇到困难时，爸爸妈妈要鼓励宝宝有勇气和信心，自己想办法克服困难、解决问题
5. 正直	拥有正直的品德才会拥有真正的朋友，获得真正的友谊。2～3岁的宝宝是靠最初的模仿来实践正直的品德的，所以爸爸妈妈应成为正直的典范

好品质的培养方法

使宝宝拥有良好品质，爸爸妈妈要从以下做起：

尊重并多给一些自由：培养宝宝优良的品质，首先爸爸妈妈必须学会尊重宝宝，并多给他一点自由，这对宝宝独立性与创造性的培养是非常重要的，而独立性和创造性的培养又是形成完美个性的重要内容。

爸爸妈妈在对宝宝日常生活的照顾中，一定要从实际出发，尽力做到：让宝宝自己学习，自己作出各种决定；允许宝宝用更多的时间去学习新东西；指导宝宝去完成较难的任务；并且要注意倾听宝宝的需求……总之，要使宝宝受到尊重和重视，给他进行创造性尝试和独立思考的机会。

爸爸妈妈对宝宝表现出的任何一点创造性的萌芽，都要给予热情的肯定和鼓励，这样才能有助于宝宝从小养成独立思考和勇于创新的个性品质。

以身作则，树立榜样：爸爸妈妈要树立起榜样，要以自己的良好的个性品质去影响宝宝。宝宝大部分的行为方式，是模仿爸爸妈妈的行为学到的。

表扬和批评要恰如其分：爸爸妈妈要运用适当的表扬和批评，帮助宝宝明辨是非，提高道德判断能力，这在宝宝个性发展中起着"扬长避短"的作用。不过，爸爸妈妈在表扬宝宝时，要着重指出宝宝值得表扬的品质、能力或其他方面的具体行为，而不宜表扬宝宝整个人，不宜笼统地加以肯定或赞赏。

健康的身体与情绪：培养宝宝的良好品质，要保证宝宝有个健康的体魄和愉快的情绪，因为一个人的个性往往与他的体质、情绪有关，宝宝如果长期身体不好，就会表现出性情忧郁；而宝宝身体健康，往往会表现出活泼可爱。

★ 宝宝认知与社会交往能力培养

在这时期，爸爸妈妈要多让宝宝走出家门，在外界广阔的天地里除了让宝宝学习运动、语言，以及与人交往的能力之外，也让他有充分的时间观察外界五颜六色的花草树木以及环境的变动，以锻炼宝宝的认知、视听和观察的能力。

宝宝社交能力培养训练

培养宝宝的社交能力，爸爸妈妈要扩展宝宝的交际圈。平时，要经常带宝宝外出做客或购买物品，还要经常请邻居小朋友或者宝宝的小伙伴到家中与宝宝一起玩。

协同合作

爸爸妈妈要想办法为宝宝创造这种一起玩的条件。为宝宝提供与同伴一起玩的机会，如到邻居家串门，再安排需要两人合作的游戏，如盖房子、拍手、拉大锯等，训练宝宝能与同伴一起玩。

让宝宝与同龄宝宝一起玩，给他们相同的玩具，以避免争夺。当一个宝宝做一种动作或出现一种叫声时，另一个宝宝会立刻模仿，互相笑笑，这种协同的游戏方式是此时期的特点。宝宝们不约而同的做法会使他们因为默契而得到快乐。

分享食物和玩具

经常讲小动物分享物品的故事给宝宝听，让宝宝知道食物应该大家一起分享。在宝宝情绪好的时候，给他两块糖，告诉他拿一块给小朋友与同伴吃。

宝宝社交智能开发小游戏

今天宝宝做东

适合月龄：2～3岁的宝宝

游戏过程：教宝宝做请柬，可以用画笔在卡片上做出一张请柬的模子，然后让宝宝学着画，然后领着宝宝去小伙伴家里发放请柬给他们，并和他们的爸爸妈妈一起打招呼，让他们一定要来做客。等到小伙伴们来了以后，让你的宝宝把点心都分给他们。

游戏目的：培养宝宝动手能力、社会交往能力。

宝宝认知能力培养小游戏

随着心理的发展，宝宝的认知能力进一步发展，具有概括性和随意性，他们可以利用词把知觉的对象从背景中分出。

这时宝宝的感知表现出随意性的萌芽，也就是观察力的形成。因此，这时爸爸妈妈要引导宝宝进行初步的观察力开发。

分水果

适合月龄：2～3岁的宝宝

游戏过程：将盛着各种水果的篮子放到宝宝的面前，再拿出一些玩偶，由妈妈抱着。然后对宝宝说："大熊要吃苹果，宝宝请你帮它拿一个苹果。"随意说出篮子内的水果，或叫宝宝拿不同的水果。

游戏目的：这个游戏可以训练宝宝的认知能力和记忆力。

第四章

2~3 岁
开始为入园做准备

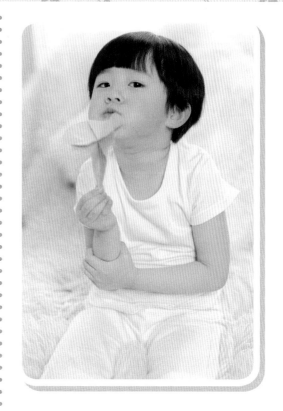

★ 宝宝入园准备攻略

2 岁以后，父母就可以考意将宝宝送到幼儿园了，集体教育可以培养宝宝良好的社会适应能力，提高语言能力和思维能力，所以将宝宝送到幼儿园是非常必要的。但是，由家庭与幼儿园有着极大的差异，宝宝在适应过程中难免会遇到许多问题，使得上幼儿园变成他们最大的压力来源。

入园准备

1. 在宝宝进入幼儿园前两个月或再提前几个月，最好带宝宝上幼儿园开办的亲子园。一般好的幼儿园现在都有亲子园或者亲子班，这样宝宝知道幼儿园是和小朋友在一起玩的地方，而且他会在活动过程中认识许多小朋友和老师，还会玩到许多家中没有的玩具，这样不仅熟悉了幼儿园的环境，同时也熟悉了小朋友和老师，可以帮助宝宝顺利地进入幼儿园。

2. 在上幼儿园前，让宝宝多与邻居的宝宝玩耍和交往，学会和别人相处，为集体生活做准备。

3. 有意培养宝宝的生活自理能力。在家里，宝宝有专人看护，吃饭、喝水的时候都有人照顾，但是到了幼儿园就不同了，吃饭、喝水都需要宝宝自己了，所以还是需要在家提前锻炼。另外，

要让宝宝自己洗脸、洗手、脱穿衣服、上厕所、独立睡眠等，在幼儿园孩子多，老师少，难免有照顾不到自勺地方。

4. 了解一下幼儿园的作息制度和要求，提前调整宝宝的作息时间，逐渐使宝宝在家的作息和幼儿园的一致，这样宝宝入园后才不会感到不适应。

5. 让宝宝学会清楚地表达，如果宝宝表达能力差，那么宝宝的状况和要求就容易被老师忽略。因此父母要多和宝宝说话，鼓励宝宝说出自己的想法，即使父母已经猜到宝宝想要什么，也要鼓励宝宝说出来。

宝宝入园前心理分析

1. 宝宝不想与爸爸妈妈分开。分开时宝宝会产生失落感，焦虑而不知所措。另外，离开熟悉的家，面对陌生的环境，也会让宝宝产生焦虑。

2. 无法适应集体生活。幼儿园要遵守纪律，宝宝因此不适应。另外，宝宝自理能力较差，而在幼儿园需要宝宝自己学会上厕所、吃饭、穿衣，这些会让未具备基本生活能力的宝宝感到不安。

3. 跟不上集体进度。听不懂老师的话，感觉比别的小朋友差，受到挫折而产生心理压力。而有些宝宝好胜心强，特别在意老师的赞扬，一旦老师批评或责备他，就会受到挫折而害怕去幼儿园。

4. 人际交往受到挫折。宝宝渴望友情，但是有时候没有处理好与其他小朋友的友好关系，常常与小朋友吵架打闹，因而也会产生排斥幼儿园的心理。

第四章

2~3 岁 开始为入园 做准备

想办法消除宝宝的恐惧感

父母可以对症下药，针对不同的原因进行不同的开导，消除宝宝的恐惧症。

1. 送宝宝去幼儿园时，先告诉宝宝："你在幼儿园开心玩，下午放学时妈妈会来接你的。"要让宝宝感觉到父母并没有扔下他不管，他会很陕回到父母身边。

2. 父母态度要坚决，坚持将宝宝天天送幼儿园，要告诉他"明天该去幼儿园了"，让他明白，他去幼儿园和爸爸妈妈上班一样，是必须要做的一件事情。

3. 不要在送宝宝到幼儿园居悄悄离开，这种做法只会造成宝宝更大的木安和恐惧。所以，父母最好将宝宝安顿好后，让他感到放心后再离开。如果宝宝依然不让你离开，那么你态度一定要坚决，否则宝宝容易产生强烈的依赖心理，不利于焦虑的消除。

4. 不要哄骗宝宝或者答应宝宝的不合理要求，即使宝宝天天哭闹也不能动摇。

家长要对幼儿园有信心

1. 相信老师有办法安慰宝宝。家长的焦虑不安会感染宝宝，使他更感到害怕和孤独。

2. 如果宝宝胆小内向，可请老师介绍一个活泼外向的小朋友和他一起玩。

3. 向老师了解宝宝的表现，有微小的进步都要给予表扬，这对宝宝是一种精神安慰和鼓励。

4. 刚进幼儿园的前几天，可以早一点接宝宝，以免宝宝因小伙伴少而更加孤单。

5. 回家后多与宝宝谈幼儿园的生活，让他表演所学的儿歌舞蹈，从正面引导宝宝对园里生活的美好回忆。

6. 切记不要以送幼儿园作为对宝宝的威胁，这样他会加深对幼儿园的反感。